内蒙古 三北工程生态修复
优良树种草种

主编 ◎ 王肇晟　秦富仓

中国林业出版社
China Forestry Publishing House

图书在版编目（CIP）数据

内蒙古三北工程生态修复优良树种草种 / 王肇晟，秦富仓主编. -- 北京：中国林业出版社，2024.9.
ISBN 978-7-5219-2827-3

Ⅰ．S725.1;S54

中国国家版本馆CIP数据核字第2024XM6552号

责任编辑　肖基许　李丽菁

出版发行　中国林业出版社
　　　　　（100009，北京市西城区刘海胡同7号，电话010-83143547）
电子邮箱　cfphzbs@163.com
网　　址　https://www.cfph.net
印　　刷　河北京平诚乾印刷有限公司
版　　次　2024年9月第1版
印　　次　2024年9月第1次印刷
开　　本　787mm×1092mm　1/16
印　　张　11.75
字　　数　300千字
定　　价　118.00元

内蒙古三北工程生态修复优良树种草种

编委会

主　编　王肇晟　秦富仓

副主编　铁　牛　陈永泉　王莉英　莎仁图雅　赵伟波

编　委　（以姓氏笔画排序）

乌日恒　邢钟毓　邢钰坤　刘丽英　刘丽玲

闫茂林　李佳陶　李　星　杨跃文　赵　丽

胡尔查　高妍岭　姬媛媛

前言

　　20世纪70年代，我国北方生态环境急剧恶化，沙尘暴频发，严重影响当地人民生产生活。为应对这一严峻形势，1978年，国务院批准启动了三北防护林工程，旨在为我国北疆构筑起一道抵御风沙、保持水土、护农促牧的绿色生态屏障，守卫三北地区人民的美好家园。经过近50多年的不懈努力，三北防护林工程建设取得了举世瞩目的巨大成就，重点治理区实现从"沙进人退"到"绿进沙退"的历史性转变，保护生态与改善民生步入良性循环，荒漠化区域经济社会发展和生态面貌发生了翻天覆地的变化。

　　内蒙古是三北工程攻坚战的主战场，三大标志性战役有"两个半"在内蒙古。内蒙古位于我国北部边陲，横跨三北，是三北地区最具代表性的区域，这里地形地貌丰富多样，沙漠、草原、山地各具特色，为不同植物生长提供了适宜条件。长期以来，内蒙古牢记习近平总书记嘱托，紧紧围绕筑牢我国北方重要生态安全屏障战略定位，持之以恒推进山水林田湖草沙一体化保护和系统治理，生态建设取得了显著成效，森林覆盖率和草原综合植被盖度均实现了"双提高"，荒漠化和沙化土地面积"双减少"。

　　在新时代三北工程建设与生态建设中，植树种草仍然是一以贯之的重要措施和有效方法。国家制定了科学绿化"双重"工程方案、三北工程实施方案等一系列办法。这些方案不仅对生物治理提出了科学要求，也强调了种质资源筛选和合理利用的重要性。为满足这一需求，本书聚焦内蒙古三北地区的优良林草种质资源，为三北工程的生态修复工作提供坚实基础与科学支持。通过充分发挥优良林草种质资源的生态和产业价值，致力于促进三北地区的长期生态改善和产业发展，最终实现生态建设可持续发展，切实筑牢我国北方重要生态安全屏障。

　　本书内容丰富，包括上篇和下篇两部分。其中，上篇部分两章，全面介绍了内蒙古三北地区现状及生态建设区的优良林草种质资源分布情况；下篇部分详细阐述了乔木、灌木和草本3类林草种质资源的相关信息。对于各类林草种质资源，均按照植物中文名、学名、蒙名、别名、生物学特征、生态学特性、三北工程适用区域、繁殖与栽培等 8 个方面进行详细分述。本书精心收录了 146 种具有固沙、抗旱、耐盐碱和耐沙埋等特性的优良林草种质资源。本书的特色在于，不仅提供了详尽的文字描述，还附有各种代表性树种和草种的图片，以直观的方式展现这些自然物种的形态特征和生长环境。此外，本书还注重版面设计简洁明了、文字编排美观易读，确保读者能够轻松获取信息。在三北工程攻坚战三大标志性战役如火如荼之际，本书可为三北工程的一线工作者提供科学便捷的实用技术指导，为推动全力打好三北工程攻坚战提供有益借鉴。

在本书的编撰过程中，倾注了众多专家学者的心血，大量科研人员参与了初期资料的收集。其中，各树种、草种的精美图片由兰登明、张英杰、赵利清、张金旺、赵丽、胡尔查、高孝威等人提供。本书出版得到了"细穗柽柳容器苗全植株造林技术推广示范"和"科尔沁沙地采伐迹地植被恢复及林地结构优化调控技术推广示范"项目的资助，还得到了许多专家学者和优秀出版团队的大力支持和指导，对此我们深感荣幸并表示衷心感谢！同时，本书在编写过程中引用了一些国内外文献资料，在此向有关参考文献的作者一并表示感谢！

本书内容虽经精心策划，但由于时间仓促、编者精力有限，书中难免存在不足之处，敬请读者指正。期待读者从中获得启示，为学术与实践注入新动力、新活力。我们将坚持不懈、精益求精，深入推进三北工程六期规划实施，守正创新、勇毅前行，为三北工程创造长久生态、经济和社会效益做出更大贡献。再次感谢，愿我们共同努力把祖国北疆这道万里绿色屏障构筑得更加牢固。

编者

2024 年 6 月

目 录

前言

上篇

1 内蒙古三北工程区概况 ························· 2
　1.1 地形地貌 ······································· 2
　1.2 气候资源 ······································· 4
　1.3 水资源 ··· 4
　1.4 土壤类型 ······································· 5
　1.5 植被类型 ······································· 5
　1.6 内蒙古自治区三北工程区生态建设情况 ············· 6

2 内蒙古三北工程生态建设区乡土林草种质资源分布 ··· 7
　2.1 树种种质资源分布 ······························· 7
　2.2 草种种质资源分布 ······························· 12

下篇

乔木树种

松科 ··· 21
　青海云杉 ··· 21
　红皮云杉 ··· 22
　青杄 ··· 23
　白杄 ··· 24
　落叶松 ··· 25
　华北落叶松 ······································· 26
　油松 ··· 27
　樟子松 ··· 28
柏科 ··· 30
　侧柏 ··· 30
　圆柏 ··· 31
　杜松 ··· 32
杨柳科 ··· 33

胡杨	33
' 小胡杨 1 号 '	34
' 小胡杨 2 号 '	35
新疆杨	36
' 银中杨 '	37
青杨	38
小叶杨	39
' 哲林 4 号 ' 杨	40
' 汇林 88 号 ' 杨	41
' 通林 7 号 ' 杨	42
' 拟青 × 山海关杨 '	43
' 小黑 ' 杨	44
旱柳	45
垂柳	46

桦木科 47
白桦 47
黑桦 48

壳斗科 49
蒙古栎 49

榆科 50
大果榆 50
榆 51
旱榆 52
金叶榆 53
龙爪榆 54
刺榆 55

桑科 56
桑 56
蒙桑 57

蔷薇科 58
山楂 58
秋子梨 59
杜梨 60
稠李 61
山桃 62

| 桃 | 63 |
| 山荆子 | 64 |

豆科 65
皂荚 65
槐 66
龙爪槐 67
香花槐 68
刺槐 69

芸香科 70
黄檗 70

苦木科 71
臭椿 71

无患子科 72
元宝槭 72
五角槭 73
梣叶槭 74

鼠李科 75
无刺枣 75

胡颓子科 76
沙枣 76

木樨科 77
白蜡树 77
水曲柳 78
暴马丁香 79

灌木树种

柏科 81
叉子圆柏 81

杨柳科 82
黄柳 82
杞柳 83
乌柳 84
北沙柳 85
小红柳 86

桦木科	87	蒺藜科	117
榛	87	霸王	117
蓼科	88	卫矛科	118
阿拉善沙拐枣	88	白杜	118
沙拐枣	89	漆树科	119
苋科	90	火炬树	119
梭梭	90	无患子科	120
驼绒藜	91	文冠果	120
华北驼绒藜	92	鼠李科	121
木地肤	93	酸枣	121
蔷薇科	94	小叶鼠李	122
珍珠梅	94	柽柳科	123
黄刺玫	95	红砂	123
蒙古扁桃	96	多枝柽柳	124
长梗扁桃	97	柽柳	125
杏	98	胡颓子科	126
山杏	99	沙棘	126
李	101	木樨科	127
榆叶梅	102	紫丁香	127
欧李	103	白丁香	128
豆科	104	茄科	129
沙冬青	104	黑果枸杞	129
紫穗槐	105	枸杞	130
狭叶锦鸡儿	106	唇形科	131
小叶锦鸡儿	107	蒙古莸	131
柠条锦鸡儿	108		
中间锦鸡儿	109	**生态草种**	
树锦鸡儿	110		
细枝羊柴	111	毛茛科	133
羊柴	112	展枝唐松草	133
胡枝子	113	苋科	134
铃铛刺	114	碱蓬	134
骆驼刺	115	豆科	135
白刺科	116	杂交苜蓿	135
大白刺	116	苜蓿	137

野苜蓿	139	灌木亚菊	156
花苜蓿	140	**禾本科**	**157**
多叶棘豆	141	羊草	157
斜茎黄芪	142	洽草	159
草木樨	143	无芒雀麦	160
野豌豆	144	老芒麦	161
苦豆子	145	披碱草	162
苦马豆	146	冰草	163
披针叶野决明	147	沙芦草	164
兴安胡枝子	148	沙生冰草	165
唇形科	**149**	无芒隐子草	166
百里香	149	羊茅	167
菊科	**150**	偃麦草	168
冷蒿	150	中间偃麦草	169
野艾蒿	151	新麦草	170
猪毛蒿	152	草地早熟禾	171
大籽蒿	153	碱茅	172
沙蒿	154	**莎草科**	**173**
盐蒿	155	油莎草	173

参考文献 174

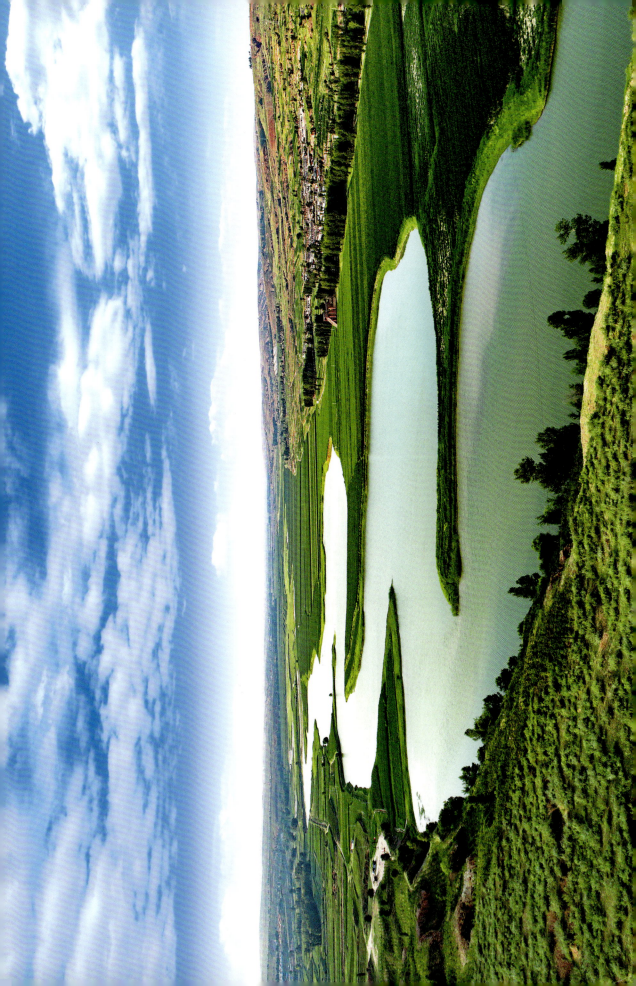

内蒙古三北工程生态修复优良树种草种

上篇

1 内蒙古三北工程区概况

内蒙古三北工程区位于我国北部，地势由东北向西南斜伸，呈狭长形。这片广阔的土地横跨 37°22'~53°23'N、106°24'~126°04'E，孕育着丰富的生态资源和自然景观。作为我国防沙治沙工程的重要阵地，内蒙古三北工程区年均完成治理面积高达 1200 万亩（1 亩 =666.67m^2），占全国治理面积的 40% 以上。在这里，万里风沙线是一道独特的风景线，见证着该地区在防沙治沙方面取得的巨大成就。同时，该地区光热资源丰富，生态环境独特，为可持续发展提供了得天独厚的条件。而森林、草原、湿地和荒漠等多种生态系统的交错分布，构成了一幅绚丽的自然画卷（表 1–1）。

1.1 地形地貌

1.1.1 地质构造

内蒙古三北工程区位于辽阔的欧亚板块东北部，地理位置独特，自然环境多样。这片广袤的土地不仅是我国北疆的生态屏障，也是全球气候变化的敏感区域。该地区的地质形态主要包括断层和盆地。地层分布广泛，有前寒武纪、古生代、中生代和新生代地层。前寒武纪地层是内蒙古最古老的地层之一，主要分布在西部地区。古生代地层主要分布在东部地区，中生代和新生代地层则广泛分布在全自治区。

在地球科学领域，内蒙古三北工程区被视为滨太平洋构造带的一部分。这是一个涉及多个板块相互作用的复杂地带，使得该地区的地质形态多样化。

1.1.2 地貌的基本特征与分区

内蒙古三北工程区的地貌特征独具特色，以内蒙古高原为主体，形态复杂多样。高原四周分布着大兴安岭、阴山（狼山、色尔腾山、大青山、灰腾梁）、贺兰山等山脉，构成了内蒙古高原的地貌骨架。此外，西端分布着巴丹吉林、腾格里、乌兰布和、库布齐、毛乌素等沙漠沙地。在山地与高平原的交接地带，分布着黄土丘陵和石质丘陵，其间还散布着低山、谷地和盆地。

表1-1　内蒙古自治区三北工程六期规划重点项目布局

攻坚区	项目	旗县
科尔沁和浑善达克沙地歼灭区	内蒙古科尔沁沙地综合治理项目	赤峰市：元宝山区、阿鲁科尔沁旗、巴林左旗、巴林右旗、林西县、翁牛特旗、喀喇沁旗、宁城县、敖汉旗 通辽市：科尔沁区、科尔沁左翼中旗、科尔沁左翼后旗、开鲁县、库伦旗、奈曼旗、扎鲁特旗 兴安盟：科尔沁右翼中旗、突泉县
	浑善达克沙地综合治理项目（含岱海）	赤峰市：克什克腾旗 乌兰察布市：集宁区、卓资县、化德县、兴和县、凉城县、察哈尔右翼前旗、丰镇市 锡林郭勒盟：二连浩特市、锡林浩特市、阿巴嘎旗、苏尼特左旗、苏尼特右旗、东乌珠穆沁旗、西乌珠穆沁旗、大仆寺旗、镶黄旗、正镶白旗、正蓝旗、多伦县
	张承坝上地区生态综合治理项目（含察汗淖尔）	乌兰察布市：商都县
黄河"几字弯"攻坚区	阴山北麓（河套平原）生态综合治理项目（含乌梁素海）	呼和浩特市：赛罕区、土默特左旗、托克托县、和林格尔县、武川县 包头市：石拐区、九原区、白云鄂博矿区、固阳县、达尔罕茂名安联合旗、土默特右旗 巴彦淖尔市：临河区、乌拉特前旗、乌拉特中旗、乌拉特后旗、杭锦后旗、五原县 乌兰察布市：察哈尔右翼中旗、察哈尔右翼后旗、四子王旗
	库布齐—毛乌素沙漠沙化地综合防治项目	呼和浩特市：清水河县 乌海市：海勃湾区、海南区、乌达区 鄂尔多斯市：东胜区、康巴什区、达拉特旗、准格尔旗、杭锦旗、伊金霍洛旗、鄂托克前旗、鄂托克旗、乌审旗
	腾格里—乌兰布和沙漠（贺兰山西麓）防沙治沙项目	巴彦淖尔市：磴口县 阿拉善盟：阿拉善左旗
河西走廊—塔克拉玛干沙漠边缘阻击区	巴丹吉林沙漠边缘（内蒙古西部荒漠）防沙治沙项目	阿拉善盟：阿拉善右旗、额济纳旗
协同推进区	内蒙古东部草原沙地综合治理项目（含呼伦湖）	赤峰市：松山区 呼伦贝尔市：海拉尔区、鄂温克族自治旗、陈巴尔虎旗、新巴尔虎左旗、新巴尔虎右旗、满洲里市（含红花尔基林业局） 兴安盟：科尔沁右翼前旗、扎赉特旗
	额尔古纳河流域生态保护恢复综合治理项目	呼伦贝尔市：牙克石市、额尔古纳市、根河市（含免渡河林业局、乌奴耳林业局、巴林林业局）
	大兴安岭嫩江上游水源地保护治理项目	呼伦贝尔市：鄂伦春自治旗
	岭南林草过渡带生态综合治理项目	呼伦贝尔市：阿荣旗、莫力达瓦达斡尔族自治旗、扎兰屯市（含柴河林业局、南木林业局） 兴安盟：阿尔山市（含五岔沟林业局、白狼林业局）
巩固拓展区	东部区域	赤峰市：红山区 通辽市：霍林郭勒市 呼伦贝尔市：扎赉诺尔区 兴安盟：乌兰浩特市
	中部区域	呼和浩特市：新城区、回民区、玉泉区 包头市：东河区、昆都仑区、青山区

根据地貌形态特征、成因、岩性、地层结构、大地构造等因素，该地区被划分为7个地貌形态单元，包括大兴安岭山地、西辽河平原、内蒙古北部高原、阴山山地、河套平原、鄂尔多斯高原和阿拉善高原等。这些地貌单元在空间上相互交织，形成了内蒙古三北工程区丰富多样的自然景观。

1.2 气候资源

1.2.1 热量资源

内蒙古三北工程区的气候特征以干旱和干燥为主，季节性变化明显。在春季和夏季，热量资源充足，为农作物的生长提供了得天独厚的条件。然而，到了秋季和冬季，热量资源相对减少，对农作物的生长产生了一定的制约。由于地形地貌的区别，尤其是以阴山、燕山等为代表的山地地形，能有效阻挡外围部分冷空气的侵入，从而使得这些区域的热量资源相对丰富；而在某些低洼地带，如西辽河平原的部分地区，热量资源的分布较为分散。

1.2.2 光能资源

内蒙古三北工程区位于平均海拔1000m处。气候特征从大兴安岭向西逐渐过渡，展现出湿润、半湿润、半干旱、干旱至极干旱的规律性变化。在这样的地理和气候条件下，该地区的日照条件也呈现出一定的特点，大兴安岭和内蒙古高原地区的年日照时数为2400~3000小时，年日照百分率为55%~65%；其他地区的年日照时数为3000~3400小时，年日照百分率为65%~78%。

1.2.3 风能资源

内蒙古三北工程区位于北半球，受西风带影响显著。该地区受到来自西伯利亚的冷气流和蒙古气旋活动的共同影响，全域范围内风能资源极为丰富，平均风速为3.7m/s。风能区划显示，可利用的风能资源区域占总面积的80%，年有效风能功率密度100~300W/m^2，年有效风能功率400~2480kW·h/m^2。此外，年可利用风时为4400~7800小时，风能利用率在50%~90%。每年9月至翌年5月是该地区风力最为强劲的时间，而夏季的静风和微风天气，导致风速和风能密度相对较低。

1.3 水资源

1.3.1 地表水

内蒙古三北工程区的水资源相对丰富，但受干燥气候和较少降水影响，地表水资源利用受限。地表水主要来自季节性河流、湖泊和降水，这些水源受季节影响较大。平均地表

年径流量约 $2.91 \times 10^{10} m^3$，占河川径流总量 78%，但地区分布不均。河流分外流水系和内陆水系，大兴安岭、阴山、贺兰山等山地为内、外流水系的主要分水岭。山地南侧为外流水系，主要有黄河、永定河、滦河、西辽河、嫩江、额尔古纳河等。这些河流的流域面积较大，水量相对充沛，是该地区地表水的主要来源之一。

1.3.2 地下水

内蒙古三北工程区的地下水主要存储在砂砾石层和基岩裂隙中，分布不同储量也有差异。在黄土丘陵和石质丘陵地带地下水比较丰富，沙漠和高平原地区则较为稀缺。地下水资源量平均为 $2.54 \times 10^{10} m^3$，其中山丘区和平原区分别占 44% 和 56%。地下水分布受多种因素影响，按自然条件和水系可分为多个地区，包括大兴安岭西麓黑龙江水系地区、呼伦贝尔高平原内陆水系地区、大兴安岭东麓山地丘陵嫩江水系地区、西辽河平原辽河水系地区、阴山北麓内蒙古高平原内陆水系地区、阴山山地海河滦河水系地区、阴山南麓河套平原黄河水系地区、鄂尔多斯高平原水系地区和西部荒漠内陆水系地区等。

1.3.3 降水

内蒙古三北工程区地处祖国北部边疆，属于温带大陆性气候，具有四季分明、雨热同期、降水集中在夏季、气温差异显著等特点。年降水量在 30~550mm，其中，5~9 月、6~9 月、7~8 月降水量分别占年降水量的 70% 以上、60% 以上、30%~80%。降水是该区域水资源的主要来源，其分布规律大致为从东到西递减。

1.4 土壤类型

内蒙古三北工程区地域广袤，土壤类型繁多。钙积化和有机质丰富。主要土壤类型包括黑土、黑钙土、栗钙土、棕钙土、褐土、黑垆土、灰漠土、灰棕荒漠土以及山地上的灰色森林土、灰棕壤、棕壤和灰褐土等。其中，灰色森林土主要分布在大兴安岭山地及丘陵区，棕钙土主要分布在呼伦贝尔草原及荒漠草原区，盐碱土主要分布在西部沙漠及草原区。土壤带呈东北至西南排列，最东为肥力最高的黑土带，向西依次为暗棕壤地带、黑钙土地带、栗钙土地带、棕壤土地带、黑垆土地带、灰钙土地带、风沙土地带和灰棕漠土地带。

1.5 植被类型

内蒙古三北工程区植被丰富，以针叶林、落叶阔叶林、草原和荒漠为主，其中草原占据主导地位。草原主要分布在东部，而荒漠草原集中在西部。此外，山区植物种类尤为丰富，大兴安岭拥有多样的森林植物及草甸、沼泽植物，阴山山脉则有森林、草原和草甸、沼泽植物。高平原和平原地区以草原与荒漠旱生型植物为主，伴有少量的草甸与盐生植物。针叶植物主要包括落叶松（*Larix gmelinii*）、樟子松（*Pinus sylvestris* var. *mongolica*）、青海云杉（*Picea crassifolia*）等，在内蒙古北部及东南部发育较好。落叶阔叶植物以白桦（*Betula platyphylla*）、黑桦（*Betula dahurica*）、山杨（*Populus davidiana*）、蒙古栎（*Quercus mongolica*）等为主，分布在内蒙古中部和东南部。草原植被主要有锦鸡儿（*Caragana sinica*）、柠条锦鸡儿（*Caragana korshinskii*）、大白刺（*Nitraria roborowskii*）、山杏（*Prunus sibirica*）、乌柳（*Salix cheilophila*）、梭梭（*Haloxylon ammodendron*）、羊柴（*Corethrodendron fruticosum*）、沙棘（*Hippophae rhamnoides*）等，主要分布在内蒙古西部和南部，山地也有分布。内蒙古境内的草原植被是一个连续的整体，从大兴安岭南部山地到阴山山脉再到鄂尔多斯高原与黄土高原。

1.6 内蒙古自治区三北工程区生态建设情况

三北工程区从1978年开始到2050年结束，建设范围东起黑龙江西至新疆，全长8000km，地跨东北、华北、西北，占国土面积的42.4%。建设范围包括三北地区13个省725个县，涉及内蒙古自治区103个旗（县）。内蒙古作为唯一一个跨越三大区域的省份，是我国北方的生态功能区，也是三北工程建设的重点地区。内蒙古始终把生态建设作为落实习近平总书记交给内蒙古的五大任务之首，构筑祖国北方重要生态安全屏障，坚持保护与建设并重，增绿与提质并举，不断强化生态建设的科技支撑，在林草种质资源培育、困难立地造林技术研究、荒漠化防治等方面攻克了一批重大关键技术，取得了一批可示范推广的亮点成果。

三北工程正式进入六期建设阶段，三北工程攻坚战全面打响。内蒙古自治区已完成了"一规划三方案"的制定，成功推动了5个治理区和11个重大项目纳入国家规划，并有103个旗（县）被纳入实施范围。内蒙古三北工程区建设始终遵循自然和经济规律，根据各地的地理和立地特点制定了详细的规划和技术路线。然而，在推进过程中，也暴露出一些问题，如乡土树种种源供应不足、育种技术水平有待提高、更新换代慢等。此外，植被水资源承载力的评估、乔灌草优化配置的规划以及环境胁迫与稳定性维持的关键技术仍有待研究和突破。同时，内蒙古三北工程区在生态建设和经济效益之间的权衡发展上仍有很大的提升空间。

为响应国家三北工程的战略部署，推动内蒙古三北工程区的林草科技创新和产业发展，亟须开展乡土树种种质资源繁育利用研究、现代林木育种体系构建与种质创制关键技术研究，以及基于植被恢复的三北工程区精准生态修复关键技术研究。这些研究将为提升三北地区生态系统质量和稳定性，筑牢我国北方重要生态安全屏障提供有力支撑。

2 内蒙古三北工程生态建设区乡土林草种质资源分布

2.1 树种种质资源分布

三北生态建设区地域跨度大，森林分布表现出明显的地带性。在东部湿润的森林地区，自北向南，由于热量递增，顺序出现寒温性针叶林带、中温性落叶阔叶林带和暖温性落叶阔叶林带。此外，在辽阔的锡林郭勒、乌兰察布、鄂尔多斯和阿拉善高原的半干旱和干旱地带，在局部特殊地段也分布有疏林和灌木林。例如，在锡林郭勒高原南部浑善达克沙地的沙丘背风坡，分布有大面积的榆树（*Ulmus pumila*）疏林，阿拉善高原额济纳河沿岸也有胡杨（*Populus euphratica*）疏林。鄂尔多斯高原流动沙地和半固定沙地的柠条锦鸡儿灌丛等，都是草原和荒漠地区特有的森林类型。

2.1.1 水平地带性分布

2.1.1.1 寒温性针叶林带

寒温性针叶林带是内蒙古地区最北部的森林植被带，它是东西伯利亚泰加林在我国境内的自然延伸，一直向南延伸至呼伦贝尔市的绰尔和兴安盟的阿尔山地区。落叶松成为该林带绝对的优势树种。在北部和高海拔地区多落叶松纯林或混有少量的白桦，林下灌木以兴安杜鹃（*Rhododendron dauricum*）、杜香（*Rhododendron tomentosum*）、北极花（*Linnaea borealis*）等矮小耐冷湿的植物为主。在干旱阳坡或山脊有樟子松片林分布，呈斑块状穿插于落叶松中。在高海拔的溪流源头或河谷地带，还偶见零星带状分布的红皮云杉（*Picea koraiensis*）林，有时和落叶松混杂而生，形成红皮云杉—落叶松混交林。该林带西北部白桦的比重大，东南部则是蒙古栎和黑桦的比重大，而且越往东南，蒙古栎在落叶松林中的比重越大，甚至全部被较耐干旱的蒙古栎林所代替。常见的灌木有胡枝子（*Lespedeza bicolor*）、榛（*Corylus heterophylla*），草本有大叶蕨菜等。

2.1.1.2 中温性落叶阔叶林带

中温性落叶阔叶林带的标志种是蒙古栎。在内蒙古沿南走向的大兴安岭山脉向南一直延伸到赤峰市克什克腾旗。蒙古栎多纯林，也时常与其他树种构成混交林。与蒙古栎混交的树种，除落叶松外，尚有黑桦、白桦、山杨、蒙椴（*Tilia mongolica*）、五角槭（*Acer pictum* subsp. *mono*）等。林下植物有土庄绣线菊（*Spiraea ouensanensis*）、毛榛（*Corylus mandshurica*）、榛等。

2.1.1.3 暖温性落叶阔叶林带

蒙古栎是暖温性落叶阔叶林的标志种。此外，尚有栓皮栎（*Quercus variabilis*）、麻栎（*Quercus acutissima*）、油松（*Pinus tabuliformis*）、侧柏（*Platycladus orientalis*）、杜松（*Juniperus rigida*）等。灌木以荆条（*Vitex negundo* var. *heterophylla*）、酸枣（*Ziziphus jujuba* var. *spinosa*）为代表种。在内蒙古分布范围很窄且是北界。在半湿润区仅见于赤峰市宁城县七老图山一带，在半干旱区则见于阴山南坡局部地段。

2.1.2 垂直地带性分布

内蒙古从东北到西南，山脉几乎连续出现，但山势都不高。除西部的贺兰山达到亚高山外，其他均属中山地貌。贺兰山是内蒙古的最高山脉，耸立于阿拉善荒漠东侧，西坡的基带为荒漠草原带，海拔达到1600~2000m是灰榆疏林带，以旱榆（*Ulmus glaucescens*）为主，尚有杜松、蒙古扁桃（*Prunus mongolica*）等旱中生乔灌木。海拔达到2000~2500m为油松林带。油松在这里占优势，混生有山杨和青海云杉，林下灌木杂草稀少，灌木主要有水枸子（*Cotoneaster multiflorus*）、虎榛子（*Ostryopsis davidiana*）。海拔继续上升，则出现青海云杉林带，林下出现大量的鬼箭锦鸡儿（*Caragana jubata*）。海拔达到3000m以上，则进入亚高山灌丛草甸带。

大青山是阴山山脉的中段。最高峰2338m，山麓地带1100m。在南坡的低山，海拔上升到1150m时，阴坡还见有散生的辽东栎和侧柏，或辽东栎和侧柏小片疏林，阳坡山麓间有酸枣灌丛。随着海拔上升，辽东栎和侧柏成分有所增加，特别是辽东栎能一直分布到1700m的中等海拔地段。在这里垂直带的成林树种有油松、侧柏、辽东栎、白桦、山杨，此外尚有蒙椴、大果榆（*Ulmus macrocarpa*）和杜松片林。油松林下灌木主要为虎榛子、三裂绣线菊（*Spiraea trilobata*）等旱中生种。当海拔达到1700m，逐渐出现以青海云杉、白杆（*Picea meyeri*）和青杆（*Picea wilsonii*）为主的寒温性针叶林带。但是无论是松栎林带或是云杉林带，由于人为破坏，针叶树种残存不多，就连低山区的辽东栎、蒙椴等也寥寥无几。两个垂直带的阴坡几乎为白桦、山杨林所占据。阳坡则出现虎榛子、黄刺玫（*Rosa xanthina*）、长芒草（*Stipa bungeana*）、羊草（*Leymus chinensis*）、毛莲蒿（*Artemisia vestita*）等灌草丛。这里森林海拔的上限达到2100m，向上则被山地草甸草原所代替。

大兴安岭山地北段由于地处湿润性寒温带，山体又不大，植被垂直分布的规律不明显。其基带处于森林区域，所以从山麓到森林上限，几乎全为森林所覆盖。在大兴安岭南段，因山体不高且破坏历史久，破坏程度严重，森林垂直分布也不明显。主要植物种有油松、兴安落叶松、华北落叶松（*Larix gmelinii* var. *principis-ruprechtii*）、黄檗（*Phellodendron amurense*）、水曲柳（*Fraxinus mandshurica*）、山核桃（*Carya cathayensis*）、白桦、山杨、鼠李（*Rhamnus davurica*）、卫矛（*Euonymus alatus*）、刺五加（*Eleutherococcus senticosus*）、毛轴蕨（*Pteridium revolutum*）、五味子（*Schisandra chinensis*）、乌头（*Aconitum carmichaelii*）、升麻（*Actaea cimicifuga*）、桔梗（*Platycodon grandiflorus*）、沙参（*Adenophora stricta*）、蝙蝠葛（*Menispermum dauricum*）、鹿蹄草（*Pyrola calliantha*）、铃兰（*Convallaria keiskei*）、黄精（*Polygonatum sibiricum*）、藜芦（*Veratrum nigrum*）等。

2.1.3 种质资源分区

内蒙古种质资源分区是以自治区林业生态建设区划分为基础，以地带性差异为主要依据，大地貌作为主导因素进行区划，即山地、沙漠、丘陵、高原、平原等进行划分。按地理区域（或水系、山脉）+大地貌命名。类型区界以自然景观为主要考虑因素，原则上不打破乡行政区界，基本上与乡行政区界保持一致，将内蒙古种质资源划分为9个类型区。

2.1.3.1 大兴安岭山地类型区

内蒙古东北部，西北起额尔古纳河、南至西拉木伦河上游、东至松嫩平原、西至呼伦贝尔高原，行政区域包括兴安盟全部，呼伦贝尔市、通辽市、赤峰市和锡林郭勒盟的部分地区。本类型区地处中温带和寒温带，植被是以兴安落叶松为主的针叶林，北部有樟子松混交林，西坡是以白桦为主的阔叶林带，东坡是以蒙古栎、黑桦为主的阔叶林带，河谷多为森林草甸和沼泽草甸。主要树种有兴安落叶松、华北落叶松、油松、白杆、白桦、山杨、黑桦、蒙古栎、红皮云杉、绣线菊（*Spiraea salicifolia*）、胡枝子、山杏、兴安杜鹃等。

2.1.3.2 内蒙古高原东部类型区

内蒙古中东部是内蒙古草原分布区，东与大兴安岭相接、西与荒漠区相连、南达阴山北坡、北至中蒙边界。行政区域包括呼伦贝尔市的西半部、锡林郭勒盟的大部。总体呈高原地貌，从南部的阴山丘陵逐渐向北部的高原倾斜。属温带半干旱气候类型，年降水量自西向东有较大的差异，西部水分条件较差，东部水资源较丰富。区域植被类型主要为草本植物，此外，榆树疏林—沙蒿半灌木复合景观等沙生植被占据一定面积，其他森林草原植被、湿生植被也有一定分布。主要树种有白杆、叉子圆柏（*Juniperus sabina*）、山杨、白桦、榆、山荆子（*Malus baccata*）、沙地榆、黄柳（*Salix gordejevii*）、锦鸡儿等。

2.1.3.3 内蒙古高原西部及鄂尔多斯高原西北部类型区

内蒙古西部包括阿拉善高原全部、巴彦淖尔高原和鄂尔多斯高原的西北部，其分布区大致与植物区划中的荒漠区相吻合。行政区域包括阿拉善盟、乌海市、巴彦淖尔市、包头市、乌兰察布市、鄂尔多斯市的西北部地区。处于亚洲荒漠地区的东部，典型的温带大陆性季风气候。大部分植物具有旱生和超旱生特点，以荒漠灌木、荒漠半灌木及荒漠小半乔木为地带性植被，以矮化灌木、半灌木的植物群落出现。主要树种有珍珠柴（*Caroxylon passerinum*）、红砂（*Reaumuria songarica*）、蒙古扁桃、泡泡刺（*Nitraria sphaerocarpa*）、霸王（*Zygophyllum xanthoxylum*）、沙蒿（*Artemisia desertorum*）、梭梭、沙拐枣（*Calligonum mongolicum*）、柠条锦鸡儿等。除地带性植被外，在贺兰山、雅布赖山等地由于山地等地形原因形成了一些非地带性的森林植被。

2.1.3.4 西辽河平原类型区

大兴安岭南段山地与冀北山地之间,是东北平原向内蒙古高原的过渡地带,自西向东缓倾斜。北部和西北部与大兴安岭东南山地丘陵相连,东北部与松嫩平原接壤,东部和东南部与辽河平原连接,南部和西南部与燕山余脉努鲁儿虎山和七老图山北麓丘陵连接,西部与锡林郭勒高原毗邻。行政区域包括通辽市的科尔沁左翼后旗、开鲁县、科尔沁区、科尔沁左翼中旗等旗(县)的全部和赤峰市阿鲁科尔沁旗、巴林右旗、巴林左旗、林西县、克什克腾旗、翁牛特旗、敖汉旗,兴安盟的科尔沁右翼中旗,通辽市的扎鲁特旗、奈曼旗、库伦旗等旗(县)的部分地区。

地带性草原植被不占明显优势,而沙生植被、山地森林、灌丛及草甸、沼泽等隐域性植被则占有很大比例。疏林草原是主要的景观类型,原生植被已被破坏,目前植被表现出强烈的次生性,仅在一些特殊地段仍然保存有多种植被类型。主要树种有大果榆、蒙古栎、黄柳、山杏、多枝柽柳(*Tamarix ramosissima*)、筐柳(*Salix linearistipularis*)、小叶锦鸡儿(*Caragana microphylla*)、旱柳(*Salix matsudana*)等。

2.1.3.5 燕山山地类型区

赤峰市的中南部,行政区域包括克什克腾旗、翁牛特旗、松山区、红山区、元宝山区、喀喇沁旗、宁城县、敖汉旗及通辽市的奈曼旗、库伦旗部分地区。该地区为内蒙古高原与松辽平原过渡地带,地势西高东低,呈低山丘陵地貌。植被略显稀疏,却拥有丰富的植被类型,包括干草原和草甸草原。此外,该地区还分布着众多树种,包括油松、山杨、桦木(*Betula*)、柞木(*Xylosma congesta*)、虎榛子、鼠李、紫穗槐(*Amorpha fruticosa*)、山杏等。

2.1.3.6 阴山山地类型区

内蒙古中部,西起狼山,向东在多伦境内与燕山余脉相接。东西绵延千余千米,南北50~100km。从西到东分为3段:西段为狼山、色尔腾山;中段为乌拉山、大青山;卓资山及其以东为东段,该段脉络不明显,地势起伏小。行政区域包括巴彦淖尔市、呼和浩特市、包头市、乌兰察布市、锡林郭勒盟的部分地区。区域跨越干旱、半干旱气候,东西部植被种类不同,东部呈现森林草原景观,分布有油松、云杉(*Picea asperata*)、虎榛子、长芒草等植被;西部呈现荒漠草原,主要植被有短花针茅(*Stipa breviflora*)、针茅(*Stipa capillata*)、长梗扁桃(*Prunus pedunculata*)等。南坡分布有侧柏、杜松、大果榆、辽东栎、茶条槭(*Acer tataricum* subsp. *ginnala*)、辽宁山楂(*Crataegus sanguinea*)、长梗扁桃、蒙古扁桃、山杏、虎榛子、绣线菊等喜光树种,阴坡分布有白杄、油松、蒙椴、白桦、山杨等。

2.1.3.7 黄河河套平原类型区

阴山山地以南,鄂尔多斯高原库布齐沙漠以北,西起巴彦淖尔市的磴口县,东至呼和浩特市,以乌拉特前旗的西山嘴为界,西为后套平原,东为土默特平原。行政区域包括呼和浩特市的玉泉区、赛罕区的全部，以及回民区、新城区、土默特左旗、托克托县、和林格尔县，包头市的昆都仑区、东河区、青山区、九原区、土默特右旗，鄂尔多斯市的杭锦旗、达拉特旗、准格尔旗，巴彦淖尔市的磴口县、杭锦后旗、临河区、五原县以及乌拉特前旗、乌拉特中旗、乌拉特后旗等部分区域。大陆性气候特点强烈，热量丰富，雨量不足。平原区的天然乔灌木已破坏殆尽，仅在河滩和湖盆边缘有少量的柽柳、乌柳、沙棘等。主要人工树种有杨、柳、榆、沙枣（Elaeagnus angustifolia）、枸杞（Lycium chinense）等。

2.1.3.8 黄河上中游沙漠（地）类型区

黄河上中游地区，地理特征独特，涵盖了库布齐沙漠和毛乌素沙地两大沙漠地带。这里的地形主要是起伏较缓的破碎丘陵，与广袤的沙漠沙地相互交织。在植被方面，由于沙地的特殊环境，主要以沙生植物为主。主要的树种有柠条锦鸡儿、沙蒿、叉子圆柏和乌柳等。

2.1.3.9 黄土高原类型区

属黄土丘陵阴山山前丘陵和黄土高原北部丘陵。行政区域包括乌兰察布市的集宁区、察哈尔右翼前旗、丰镇市，鄂尔多斯市的东胜区和呼和浩特市清水河县的全部，以及呼和浩特市和林格尔县、托克托县，乌兰察布市的兴和县、卓资县、凉城县，鄂尔多斯市的准格尔旗、达拉特旗、伊金霍洛旗的部分区域。主要建群种和优势种有针茅、短花针茅、羊草、冷蒿（Artemisia frigida）、百里香（Thymus mongolicus）等。人工栽植树种有杨、柳、榆、油松、落叶松、樟子松等，丘陵间小片沙地中分布有小叶锦鸡儿、柠条锦鸡儿等。

内蒙古主要应用的乡土树种有31科91种，包括乔木44种，其中针叶乔木11种、阔叶乔木33种；灌木46种，其中针叶灌木1种；藤本1种（表2-1）。

表2-1 内蒙古乡土林木资源分布及生态修复推介树种

资源分区	分布范围	生态修复推荐树种
大兴安岭山地类型区	内蒙古东北部，西北起额尔古纳河，南至西拉木伦河上游，东至松嫩平原，西至呼伦贝尔高原，行政区域包括兴安盟全部和呼伦贝尔市、通辽市、赤峰市、锡林郭勒盟的部分地区	白杆、红皮云杉、落叶松、华北落叶松、油松、樟子松、杜松、小叶杨、白桦、榛、蒙古栎、榆、蒙桑、华北驼绒藜、土庄绣线菊、珍珠梅、山楂、花楸树、欧李、山杏、胡枝子、山葡萄、蒙椴、兴安杜鹃、中国沙棘、红瑞木、枸杞、锦带花等
内蒙古高原东部类型区	内蒙古自治区的中东部，是内蒙古草原分布区，东与大兴安岭相接，西与荒漠区相连，南达阴山北坡，北至中蒙边界。行政区域包括呼伦贝尔市的西半部、锡林郭勒盟的大部	樟子松、黄柳、叉子圆柏、杜松、胡杨、白桦、榆、山杏、沙木蓼、华北驼绒藜、土庄绣线菊、花楸树、稠李、欧李、长梗扁桃、小叶锦鸡儿、胡枝子、大白刺、红瑞木、兴安杜鹃、蒙古莸等
内蒙古高原西部及鄂尔多斯高原西北部类型区	内蒙古西部，包括阿拉善高原全部、巴彦淖尔高原和鄂尔多斯高原的西北部，其分布区大致与植物区划中的荒漠区相吻合，行政区域包括阿拉善盟、乌海市、巴彦淖尔市、包头市、乌兰察布市、鄂尔多斯市的西北部地区	青海云杉、油松、叉子圆柏、杜松、青杨、小红柳、胡杨、沙拐枣、沙木蓼、梭梭、沙枣、柽柳、华北驼绒藜、沙冬青、柠条锦鸡儿、大白刺、霸王、互叶醉鱼草、杠柳、蒙古莸、黑果枸杞等

(续)

资源分区	分布范围	生态修复推荐树种
西辽河平原类型区	大兴安岭南段山地与冀北山地之间，是东北平原向内蒙古高原的过渡地带，自西向东缓倾斜。北部和西北部与大兴安岭东南山地丘陵相连，东北部与松嫩平原接壤，东部和东南部与辽河平原连接，南部和西南部与燕山余脉努鲁儿虎山和七老图山北麓，丘陵连接，西部与锡林郭勒高原毗邻	旱柳、黄柳、小红柳、胡桃楸、白桦、榛、蒙古栎、榆、刺榆、蒙桑、黄芦木、土庄绣线菊、山楂、山杏、花楸树、稠李、欧李、紫穗槐、刺槐、小叶锦鸡儿、中间锦鸡儿、胡枝子、白杜（桃叶卫矛）、元宝槭、文冠果、酸枣、山葡萄、柽柳、水曲柳、杠柳、枸杞、金银忍冬等
燕山山地类型区	赤峰市境内的燕山山地部分，包括努鲁儿虎山脉和七老图山脉，南与河北、辽宁相连，北以西拉木伦河为界	青杆、白杆、华北落叶松、油松、杜松、小叶杨、胡桃楸、白桦、蒙古栎、榆、蒙桑、黄芦木、圆叶茶藨子、土庄绣线菊、山楂、花楸树、苹果、玫瑰、单瓣黄刺玫、山杏、李、毛樱桃、欧李、紫穗槐、刺槐、胡枝子、元宝槭、文冠果、山葡萄、蒙椴、紫椴、红瑞木、蓝靛果等
阴山山地类型区	内蒙古中部，西起狼山，向东在多伦境内与燕山余脉相接。西段为狼山、色尔腾山；中段为乌拉山和大青山；东段为卓资山	青杆、白杆、青海云杉、油松、侧柏、圆柏、叉子圆柏、杜松、白桦、青杨、小叶杨、榛、榆、蒙桑、华北驼绒藜、黄芦木、土庄绣线菊、山楂、花楸树、杜梨、玫瑰、单瓣黄刺玫、稠李、山桃、山杏、榆叶梅、欧李、蒙古扁桃、长梗扁桃、羊柴、胡枝子、文冠果、酸枣、山葡萄、蒙椴、中国沙棘、红瑞木、白蜡树、连翘、红丁香、小叶女贞、蒙古荩、梓等
黄河河套平原类型区	阴山山地以南，鄂尔多斯高原库布齐沙漠以北，西起巴彦淖尔市的磴口县，东至呼和浩特市，以乌拉特前旗的西山嘴为界，西为后套平原，东为土默特平原	新疆杨、旱柳、榆、杜梨、苹果、山桃、李、羊柴、中国沙棘、白蜡树、连翘、红丁香、小叶女贞、柽柳、梓、胡杨、旱柳、大白刺、沙枣等
黄河上中游沙漠（地）类型区	黄河上中游，包括库布齐沙漠和毛乌素沙地，行政区域包括鄂尔多斯市的部分区域。本类型区地形为起伏较缓的破碎丘陵，沙漠沙地	叉子圆柏、胡杨、河北杨、北沙柳、沙木蓼、小叶锦鸡儿、中间锦鸡儿、羊柴、大白刺、霸王、中国沙棘、沙枣、互叶醉鱼草、杠柳、蒙古荩等
黄土高原类型区	黄土丘陵阴山山前丘陵和黄土高原北部丘陵	侧柏、圆柏、油松、叉子圆柏、榆、华北驼绒藜、黄芦木、土庄绣线菊、花叶海棠、单瓣黄刺玫、长梗扁桃、小叶锦鸡儿、柠条锦鸡儿、羊柴、胡枝子、酸枣、柽柳、中国沙棘、沙枣、杠柳等

2.2 草种种质资源分布

内蒙古天然草原受水热条件的影响，自东北向西南依次划分为温性草甸草原、温性典型草原、温性荒漠草原、温性草原化荒漠和温性荒漠5大类草原。受土壤水分和土壤盐渍化程度的影响，在5大类地带性草原中镶嵌分布着隐域性草地，包括盐化低地草地、低湿地草地。

2.2.1 温性草甸草原

温性草甸草原是地带性草原中最好的草原，集中分布于大兴安岭东麓的低山丘陵，岭西的高平原、低山丘陵，在大青山上有小面积分布，在典型草原地带的丘陵阴坡、宽谷、山地草原带的上侧等也有分布。该类草原由多年生中旱生、旱生丛生禾草、根茎禾草和中旱生、中生杂类草组成，混生少量中旱生小灌木，植物种类较丰富，主要优势植物有狼针草（*Stipa baicalensis*）、羊草、朝阳隐子草（*Cleistogenes hackelii*）、线叶菊（*Filifolium sibiricum*）、柄状薹草（*Carex pediformis*）、毛莲蒿、地榆（*Sanguisorba officinalis*）、裂叶蒿（*Artemisia tanacetifolia*）、兴安胡枝子（*Lespedeza davurica*）等。

2.2.2 温性典型草原

温性典型草原是内蒙古天然草原的主体，也是欧亚大陆草原区的重要组成部分。这种草原类型的分布范围相当广泛，从东部的呼伦贝尔高平原中西部开始，一直延伸到西部的鄂尔多斯高原东南部。具体来说，它东起呼伦贝尔高平原中西部，横跨大兴安岭南段，进一步延伸至西辽河平原东部。向西，它穿越锡林郭勒高平原，并跨越阴山山脉，直至抵达鄂尔多斯高原的东南部。主要建群种有大针茅（*Stipa grandis*）、针茅、糙隐子草（*Cleistogenes squarrosa*）、冷蒿、亚洲百里香（*Thymus serpyllum*）、小叶锦鸡儿、沙蒿等。

2.2.3 温性荒漠草原

温性荒漠草原处于草原向荒漠的过渡地带，分布在阴山山脉以北的内蒙古高原中部偏西地区，东起锡林郭勒苏尼特左旗中西部，西至巴彦淖尔高原东南部，向西南延伸到鄂尔多斯高原中西部，南至阴山北部低山丘陵。植被较低矮、稀疏、季相单调，由旱生多年生丛生小禾草和旱生小半灌木建群，主要植物有石生针茅（*Stipa tianschanica* var. *klemenzii*）、戈壁针茅（*Stipa tianschanica* var. *gobica*）、短花针茅、沙生针茅（*Stipa caucasica* subsp. *glareosa*）、无芒隐子草（*Cleistogenes songorica*）、碱韭（*Allium polyrhizum*）、蒙古韭（*Allium mongolicum*）、冷蒿、女蒿（*Ajania trifida*）、蓍状亚菊（*Ajania achilleoides*）、红砂、大白刺、短叶假木贼（*Anabasis brevifolia*）、松叶猪毛菜（*Oreosalsola laricifolia*）等。

2.2.4 温性草原化荒漠

草原化荒漠主要分布在锡林郭勒高原的西北部以及乌兰察布高平原的西部，进一步延伸至鄂尔多斯和巴彦淖尔高原，最终到达阿拉善高平原的东部。这些荒漠区域主要涵盖阿拉善盟、乌海市、巴彦淖尔市的乌拉特后旗北部和乌拉特中旗西北部，以及鄂尔多斯市杭锦旗的西北部。这些地区多为干旱且经过剥蚀的高平原。植物种多为具刺、肉质叶、超旱生，旱生灌木建群，主要草本有石生针茅、无芒隐子草、葱属（*Allium*）植物。灌木层发达主要植物种有柠条锦鸡儿、沙冬青（*Ammopiptanthus mongolicus*）、绵刺（*Potaninia mongolica*）、霸王、驼绒藜（*Krascheninnikovia ceratoides*）、大白刺、四合木（*Tetraena* mongolica）、盐爪爪（Kalidium foliatum）、珍珠柴、红砂、蒙古扁桃、膜果麻黄（Ephedra przewalskii）、梭梭、戈壁短舌菊（Brachanthemum gobicum）、短叶假木贼等。

2.2.5 盐化低地草地和低湿地草地

盐化低地草地和低湿地草地在全自治区各盟市均有分布，主要分布于河漫滩、低湿洼地、山间谷地、丘间盆地及沙丘沙地中的坨间低地。盐化低地草地主要分布于巴彦淖尔河套灌区和延哈腾—磴口—临河—乌拉特前旗一带。呼伦贝尔沙地、科尔沁沙地、浑善达克沙地、毛乌素沙地、库布齐沙漠、乌兰布和沙漠和腾格里沙漠中散布着低湿草地。主要植物种有赖草（Leymus secalinus）、羊草、芦苇（Phragmites australis）、芨芨草（Neotrinia splendens）、披碱草（Elymus dahuricus）、拂子茅（Calamagrostis epigejos）、狗尾草（Setaria viridis）、白草（Pennisetum flaccidum）、甘草（Glycyrrhiza uralensis）、苦马豆（Sphaerophysa salsula）、小花棘豆（Oxytropis glabra）、苜蓿（Medicago sativa）、苦豆子（Sophora alopecuroides）、碱蓬（Suaeda glauca）、沙蒿、盐蒿（Artemisia halodendron）、沙生冰草（Agropyron desertorum）、沙芦草（Agropyron mongolicum）、冷蒿、斜茎黄芪（Astragalus laxmannii）、花苜蓿（Medicago ruthenica）、沙鞭（Psammochloa villosa）、寸草（Carex duriuscula）。

表2-2　内蒙古不同草原类型分布植物种类及生态修复推介草种

草原类型	分布范围	原生植物种类		生态修复推荐草种
温性草甸草原	分布于大兴安岭东麓的低山丘陵、岭西的高平原、低山丘陵，在大青山上有小面积分布，在典型草原地带的丘陵阴坡、宽谷，山地草原带的上侧等也有分布	羊草 寸草 糙隐子草 狼针草 细叶白头翁 洽草 蓬子菜 西伯利亚羽茅 裂叶蒿 展枝唐松草 柄状薹草 细叶柴胡 草地麻花头 冷蒿 双齿葱 草地早熟禾 大黄花 星毛委陵菜 长柱沙参 鸡冠茶 龙蒿 细叶韭 山丹 野韭 矮韭 山葱（山韭）	山野豌豆 花苜蓿 多叶棘豆 草木樨状黄芪 斜茎黄芪 小叶锦鸡儿 瓣蕊唐松草 毛莓草 细叶沙参 紫苞鸢尾 鸦葱 蒲公英 变色苦荬菜 石竹 光稃茅香 乳浆大戟 白头翁 阿尔泰狗娃花 线叶菊 防风 旋覆花 如意草 黄蒿 野艾蒿 盐蒿 山蚂蚱草	灌木：沙棘、小叶锦鸡儿、盐蒿等 草本：羊草、洽草、无芒雀麦、老芒麦、披碱草、扁穗冰草、冰草、羊茅、偃麦草、中间偃麦草、新麦草、草地早熟禾、杂交苜蓿、苜蓿、野苜蓿、展枝唐松草、多叶棘豆、花苜蓿、兴安胡枝子、草木樨、野豌豆、冷蒿、野艾蒿、大籽蒿、猪毛蒿、斜茎黄芪等

(续)

草原类型	分布范围	原生植物种类		生态修复推荐草种
		东北鸦葱 囊花鸢尾 星毛委陵菜 轮叶委陵菜 多裂叶荆芥 菊叶委陵菜 星毛委陵菜 翻白草 红茎委陵菜 冰草 无芒雀麦 广布野豌豆 多茎野豌豆 漏芦 狗舌草 棉团铁线莲	羊茅 棉团铁线莲 地榆 花旗杆 细叶水蔓菁 山赫兰菜 狗舌草 披针叶黄华 长叶百蕊草 二形叶沙参 新巴黄芪 虎榛子 绣线菊 山刺玫 山杏 沙棘	
温性典型草原	分布于东起呼伦贝尔高平原中西部，东越大兴安岭南段延伸至西辽河平原东部，向西穿越锡林郭勒高平原跨越阴山山脉，一直到鄂尔多斯高原东南部	针茅 羊草 狼针草 大针茅 糙隐子草 黄蒿 寸草 多根葱 蒙古韭 黄囊苔草 野韭 冷蒿 冰草 洽草 刺藜 尖头叶藜 细叶韭 双齿葱 狭叶锦鸡儿 阿氏旋花 银灰旋花 猪毛菜 拂子茅 虎尾草 野艾蒿 碱蓬 鸡冠茶 草地麻花头 星毛委陵菜 红茎委陵菜 大黄花 草木樨状黄芪 花旗杆 风毛菊 芨芨草 丝叶沙蒿	菊叶委陵菜 蛛丝蓬 糙叶黄芪 黄花菜 斜茎黄芪 小叶锦鸡儿 柠条锦鸡儿 细叶柴胡 细叶鸢尾 大黄花 西伯利亚羽茅 细叶藜 两栖蓼 拂子茅 黄花菜 二色补血草 矮葱 燥原荠 鸦葱 黄蒿 木地肤 北芸香 窄叶蓝盆花 细叶鸢尾 细叶白头翁 多枝柳穿鱼 漏芦 线毛委陵菜 马蔺 披针叶黄华 乳浆大戟 华北鸦葱 酸模 西伯利亚羽茅 灰绿藜 毛莓草	灌木：沙棘、小叶锦鸡儿、柠条锦鸡儿、兴安胡枝子等 草本：羊草、冰草、扁穗冰草、披碱草、偃麦草、中间偃麦草、新麦草、草地早熟禾、苜蓿、花苜蓿、斜茎黄芪、草木樨、展枝唐松草、披针叶黄华、大籽蒿、冷蒿、野艾蒿、猪毛蒿、斜茎黄芪等

（续）

草原类型	分布范围	原生植物种类	生态修复推荐草种
		碱蒿、阿尔泰狗娃花、小画眉草、独行菜、狗尾草、天门冬、花苜蓿、草麻黄、细齿草木樨、草地早熟禾、地稍瓜、防风、羊茅、亚麻	
温性荒漠草原	分布于阴山山脉以北的内蒙古高原中部偏西地区，东起锡林郭勒苏尼特左旗中西部，西至巴彦淖尔高原东南部，向西南延伸到鄂尔多斯高原中西部，南至阴山北部低山丘陵	短花针茅、石生针茅、戈壁针茅、蒙古冰草、沙生冰草、无芒隐子草、糙隐子草、碱韭、寸草、猪毛蒿、栉叶蒿、阿尔泰狗娃花、冬青叶兔唇花、大苞鸢尾、细叶鸢尾、大黄花、北芸香、百里香、冷蒿、乳浆大戟、荒漠丝石竹、刺沙蓬、鳍蓟、驴欺口、硬阿魏、银灰旋花、拐轴鸦葱、牻牛儿苗、乳白花黄芪、斜茎黄芪、草木樨状黄芪、糙叶黄芪、塔落木羊柴、细枝羊柴、薄叶燥原荠、锋芒草、小画眉草、冠芒草、虎尾草、蒙古韭、戈壁天门冬、地稍瓜、地锦、蒺藜、骆驼蓬、尖头叶藜、兴安胡枝子、车前、虎尾草、矮韭、三芒草、雾冰藜、兴安天门冬、香青兰、木地肤、黄花补血草、小果白刺、珍珠猪毛菜、松叶猪毛菜、蒙古莸、草麻黄、女蒿、华北驼绒藜、木地肤、砂珍棘豆、猫头刺、矮锦鸡儿、狭叶锦鸡儿、小叶锦鸡儿、红砂	灌木：柠条锦鸡儿、小叶锦鸡儿、华北驼绒藜、木地肤、沙蒿、羊柴（木岩黄芪）、细枝羊柴（花棒）等 草本：蒙古冰草、沙生冰草、羊草、无芒隐子草、斜茎黄芪、草木樨、苦豆子、苦马豆、披针叶黄华、冷蒿、野艾蒿、猪毛蒿等

(续)

草原类型	分布范围	原生植物种类		生态修复推荐草种
温性草原化荒漠	草原化荒漠分布在锡林郭勒高原的西北部、乌兰察布高平原西部，穿越鄂尔多斯、巴彦淖尔高原至阿拉善高平原东部。荒漠分布于阿拉善盟、乌海市、巴彦淖尔市的乌拉特后旗北部和乌拉特中旗西北部、鄂尔多斯市杭锦旗西北部，主要占据干旱而剥蚀的高平原	石生针茅 戈壁针茅 短花针茅 画眉草 三芒草 冠芒草 蒙古韭 碱韭 红砂 珍珠猪毛菜 霸王 毛刺锦鸡儿 矮脚锦鸡儿 泡泡刺 齿叶白刺	合头藜 大白刺 驼绒黎 梭梭 四合木 羊柴 绵刺 半日花 沙冬青 沙拐枣 短叶假木贼 松叶猪毛菜 蒙古短舌菊 膜果麻黄 白沙蒿 膜果麻黄	梭梭 羊柴 驼绒藜 沙冬青 大白刺 沙拐枣 苦豆子 苦马豆 披针叶黄华 沙蒿 乌柳
盐化低地草地	主要分布于巴彦淖尔河套灌区，延哈腾—磴口—临河—乌拉特前旗	赖草 羊草 芦苇 芨芨草 披碱草 拂子茅 狗尾草 白草 甘草 苦马豆 小花棘豆 苜蓿 苦豆子 碱蓬 沙米 盐爪爪	刺蓬 雾冰藜 滨藜 骆驼蓬 黑沙蒿 野艾蒿 风毛菊 苦苣菜 苦卖菜 深裂蒲公英 叉枝鸭葱 沙旋覆花 马蔺 北千里光 沙棘 梭梭 小果白刺	碱蓬 碱茅 草木樨 中间偃麦草 羊草 苜蓿 苦豆子 苦马豆 乌柳
低湿地草地	呼伦贝尔沙地、科尔沁沙地、浑善达克沙地、毛乌素沙地、库布齐沙漠、乌兰布和沙漠、腾格里沙漠	沙蒿 盐蒿 沙生冰草 沙蓬 沙芦草 雾冰藜 灰绿藜 地梢瓜 冷蒿 斜茎黄芪 花苜蓿 沙鞭 狗尾草 虫实 沙葱 草麻黄 寸草 赖草 羊草	披针叶黄华 沙地旋复花 糙隐子草 朝阳隐子草 叉分蓼 细叶鸢尾 木地肤 猪毛菜 马蔺 芨芨草 碱蓬 角蒿 北芸香 砂珍棘豆 细枝羊柴 羊柴 小叶锦鸡儿 狭叶锦鸡儿 小红柳	沙蒿 斜茎黄芪 羊柴 细枝羊柴 沙生冰草

内蒙古三北工程生态修复优良树种草种

下篇

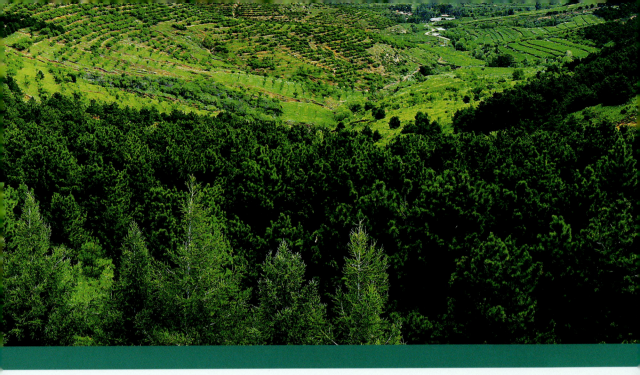

乔木树种

  内蒙古三北工程区木本植物资源繁多，乔木尤为关键。多样且丰富的乔木为退化生态系统修复提供了多种选择。随着新中国生态建设和三北工程的实施，许多优良的乡土乔木被广泛应用于生态修复建设中，实践证明它们在防风固沙、农田保护和水土保持等方面发挥了关键作用，一些树种更是成为固沙林、水土保持林、农田防护林、护岸林和生态经济林的主力军。此外，具有鲜明的地域特色和独特生态价值的特色乔木，如红花尔基樟子松、黑里河油松、科尔沁白杆和额济纳胡杨等，更是有极大的开发利用价值和科研价值。

  此部分介绍了内蒙古三北工程区经品种选育、区域验证、生产实践的优良乔木 58 种，可为三北地区的生态建设因地制宜、适地适树选择树种提供重要的参考依据。

01 青海云杉

Picea crassifolia

蒙名 唐古特—嘎楚日
别名 杆树
科属 松科云杉属

● **生物学特征**

常绿乔木。1年生嫩枝淡绿黄色，有短毛；2~3年生小枝呈淡粉红色或淡褐黄色。冬芽圆锥形，通常无树脂。叶较粗，四棱状条形。球果圆柱形或矩圆状圆柱形，成熟前种鳞背部露出部分绿色，上部边缘紫红色。花期4~5月，球果9~10月成熟。为我国特有树种。

● **生态学特性**

抗旱性较强，自然分布于山地阴坡或半阴坡及潮湿的谷地。

● **三北工程适用区域**

核心攻坚区：阴山北麓（河套平原）生态综合治理区；

腾格里—乌兰布和沙漠（贺兰山西麓）防沙治沙区；

库布齐—毛乌素沙漠沙化地综合防治区；

浑善达克沙地综合治理区。

● **主要林木良种**

（1）内蒙古贺兰山青海云杉母树林种子。
（2）'林科1号'青海云杉家系（2023年度认定）。

● **繁殖与栽培**

播种繁殖；植苗造林。

02 红皮云杉

Picea koraiensis

蒙名 乌兰—嘎楚日
别名 红皮臭
科属 松科云杉属

● **生物学特征**

常绿乔木。树皮灰褐色或淡红褐色，裂成不规则薄条片脱落，裂缝常为红褐色。1年生枝黄色、淡黄褐色或淡红褐色，无白粉；2~3年生枝淡黄褐色、褐黄色或灰褐色。冬芽圆锥形，淡褐黄色或淡红褐色，微有树脂。叶四棱状条形，四面有气孔线。球果卵状圆柱形或长卵状圆柱形，成熟前绿色，熟时绿黄褐色至褐色。花期5~6月，球果9~10月成熟。

● **生态学特性**

为浅根性树种，较耐阴，喜生于山的中下部与谷地；在分布区内除有积水的沼泽化地带及干燥的阳坡、山脊外，在其他各种类型的立地条件均能生长。

● **三北工程适用区域**

核心攻坚区：内蒙古科尔沁沙地综合治理区；
浑善达克沙地综合治理区。
协同推进区：内蒙古东部草原沙地综合治理区；
大兴安岭嫩江上游水源地保护治理区；
额尔古纳河流域生态保护恢复综合治理区；
岭南林草过渡带生态综合治理区。

● **主要林木良种**

（1）五岔沟红皮云杉优良种源种子。
（2）莫拐林场红皮云杉母树林种子。

● **繁殖与栽培**

主要是种子繁殖，营养杯育苗；植苗造林。

03 青杆

Picea wilsonii

蒙名 晗日—嘎楚日
别名 刺儿松、杆树松
科属 松科云杉属

● **生物学特征**

常绿乔木。树皮灰色或暗灰色，裂成不规则鳞状块片脱落。1年生枝淡黄绿色或淡黄灰色，2~3年生枝淡灰色、灰色或淡褐灰色。冬芽卵圆形，无树脂。叶四棱状条形，较短，横切面四棱形或扁菱形。球果卵状圆柱形或圆柱状长卵圆形。花期4月，球果10月成熟。为我国特有树种。

● **生态学特性**

适应性较强，为国产云杉属中分布较广的树种之一。在气候温凉、土壤湿润、深厚、排水良好的微酸性地带生长良好。

● **三北工程适用区域**

核心攻坚区：腾格里—乌兰布和沙漠（贺兰山西麓）防沙治沙区；

库布齐—毛乌素沙漠沙化地综合防治区；

内蒙古科尔沁沙地综合治理区；
浑善达克沙地综合治理区。

● **繁殖与栽培**

主要是人工播种繁殖，多营养杯育苗；植苗造林。

04 白杆

Picea meyeri

蒙名 查干—嘎楚日
别名 红杆、白儿松、罗汉松
科属 松科云杉属

● **生物学特征**

常绿乔木。树皮灰褐色，裂成不规则的薄块片脱落。小枝有密生或疏生短毛或无毛，1年生枝黄褐色，2~3年生枝淡黄褐色、淡褐色或褐色。冬芽圆锥形，褐色，微有树脂。主枝之叶常辐射伸展，四棱状条形，微弯曲，横切面四棱形。球果矩圆状圆柱形。花期4月，果9月下旬至10月上旬成熟。为我国特有树种。

● **生态学特性**

自然生长在海拔1600~2700m、气温较低、雨量及湿度较平原为高、土壤为灰色棕色森林土或棕色森林地带，常组成以白杆为主的针阔叶混交林。

● **三北工程适用区域**

核心攻坚区：阴山北麓（河套平原）生态综合治理区；

腾格里—乌兰布和沙漠（贺兰山西麓）防沙治沙区；

库布齐—毛乌素沙漠沙化地综合防治区；

内蒙古科尔沁沙地综合治理区；

浑善达克沙地综合治理区。

协同推进区：内蒙古东部草原沙地综合治理区；

大兴安岭嫩江上游水源地保护治理区；

岭南林草过渡带生态综合治理区。

● **繁殖与栽培**

播种或扦插育苗繁殖；植苗造林。

05 落叶松

Larix gmelinii

蒙名 哈日盖
别名 兴安落叶松
科属 松科落叶松属

● 生物学特征

落叶乔木。老树树皮灰色、暗灰色或灰褐色，纵裂成鳞片状剥离，剥落后内皮呈紫红色。1年生长枝较细，淡黄褐色或淡褐黄色；2~3年生枝褐色、灰褐色或灰色。冬芽近圆球形，芽鳞暗褐色，边缘具睫毛。叶倒披针状条形。球果幼时紫红色，成熟后黄褐色、褐色或紫褐色。花期5~6月，球果9月成熟。

● 生态学特性

喜光性强，对水分要求较高，在各种不同环境（如山麓、沼泽、泥炭沼泽、草甸、湿润而土壤富腐殖质的阴坡及干燥的阳坡、湿润的河谷及山顶等）均能生长，而以生于土层深厚、肥润、排水良好的北向缓坡及丘陵地带生长旺盛。

● 三北工程适用区域

核心攻坚区：内蒙古科尔沁沙地综合治理区。
协同推进区：内蒙古东部草原沙地综合治理区；
大兴安岭嫩江上游水源地保护治理区；
额尔古纳河流域生态保护恢复综合治理区；
岭南林草过渡带生态综合治理区。

● 主要林木良种

（1）乌兰坝林场兴安落叶松种子园种子。
（2）甘河林业局兴安落叶松种子园种子。
（3）乌尔旗汉林业局兴安落叶松种子园种子。
（4）内蒙古大兴安岭北、东、中、南部林区兴安落叶松母树林种子。

● 繁殖与栽培

种子繁殖；植苗造林。

06 华北落叶松
Larix gmelinii var. *principis-rupprechtii*

蒙名 奥术日阿特音—哈日盖
别名 雾灵落叶松
科属 松科落叶松属

● **生物学特征**

落叶乔木。树皮暗灰褐色，不规则纵裂，成小块片脱落。1年生长枝淡褐色或淡褐黄色，幼时有毛后脱落，被白粉。叶窄条形，下面中肋隆起。球果卵圆形或矩圆状卵形，成熟时淡褐色，苞鳞暗紫色，条状矩圆形，不露出。花期4~5月，球果9~10月成熟。为我国特有树种。

● **生态学特性**

生长快，材质优良，对不良气候的抵抗力较强，并有保土、防风的效能；自然生长于海拔1400~1800m山地的阴坡阳坡沟谷边。

● **三北工程适用区域**

核心攻坚区：阴山北麓（河套平原）生态综合治理区；
内蒙古科尔沁沙地综合治理区；
浑善达克沙地综合治理区。

● **主要林木良种**

（1）苏木山林场华北落叶松种子园种子。
（2）上高台林场华北落叶松母树林种子。
（3）乌兰坝林场华北落叶松种子园种子。
（4）乌兰坝林场华北落叶松母树林种子。
（5）黑里河林场华北落叶松种子园种子。
（6）旺业甸林场华北落叶松母树林种子。

● **繁殖与栽培**

种子繁殖或扦插繁殖；植苗造林。

07 油松

Pinus tabuliformis

蒙名 那日苏
别名 短叶松
科属 松科松属

● **生物学特征**

常绿乔木。树皮灰褐色或褐灰色，裂成不规则较厚的鳞状块片，裂缝及上部树皮红褐色。老树树冠平顶，小枝较粗，褐黄色，无毛。冬芽矩圆形，芽鳞红褐色。针叶2针一束，叶横切面半圆形。雄球花圆柱形，在新枝下部聚生呈穗状。球果卵形或圆卵形，成熟前绿色，熟时淡黄色或淡褐黄色。花期4~5月，球果翌年10月成熟。为我国特有树种。

● **生态学特性**

为喜光、深根性树种，喜干冷气候，在土层深厚、排水良好的酸性、中性或钙质黄土上均能生长良好；自然生长于海拔1000~2600m地带，多组成纯林。

● **三北工程适用区域**

核心攻坚区：阴山北麓（河套平原）生态综合治理区；
腾格里—乌兰布和沙漠（贺兰山西麓）防沙治沙区；
库布齐—毛乌素沙漠沙化地综合防治区；
内蒙古科尔沁沙地综合治理区；
浑善达克沙地综合治理区。
协同推进区：内蒙古东部草原沙地综合治理区。

● **主要林木良种**

（1）宁城县黑里河林场油松种子园油松种子。
（2）万家沟油松种子园种子。
（3）黑里河林场油松母树林种子。
（4）准格尔旗油松母树林种子。

● **繁殖与栽培**

主要采用人工播种育苗（营养杯育苗）。工程造林用1年生或2年生苗木进行。城市绿化多采取大苗带土坨栽植。

08 樟子松

Pinus sylvestris var. *mongolica*

蒙名 海拉尔—那日苏
别名 海拉尔松
科属 松科松属

● **生物学特征**

常绿乔木。大树树皮厚，树干下部灰褐色或黑褐色，深裂成不规则的鳞状块片脱落；上部树皮及枝皮黄色至褐黄色，内侧金黄色，裂成薄片脱落。1年生枝淡黄褐色，无毛；2~3年生长呈灰褐色。冬芽褐色或淡黄褐色，长卵圆形，有树脂。针叶2针一束，硬直，常扭曲。雄球花圆柱状卵圆形，雌球花有短梗，淡紫褐色。球果卵圆形或长卵圆形。花期5~6月，球果翌年9~10月成熟。

● **生态学特性**

为喜光性强、深根性树种，能适应土壤水分较少的山脊及向阳山坡，以及较干旱的沙地及石砾砂土地区；自然分布在大兴安岭海拔400~900m山地及海拉尔以西、以南一带沙丘地区。

● **三北工程适用区域**

核心攻坚区： 阴山北麓（河套平原）生态综合治理区；
腾格里—乌兰布和沙漠（贺兰山西麓）防沙治沙区；
库布齐—毛乌素沙漠沙化地综合防治区；
内蒙古科尔沁沙地综合治理区；
浑善达克沙地综合治理区；
巴丹吉林沙漠边缘（内蒙古西部荒漠）防沙治沙区。
协同推进区： 内蒙古东部草原沙地综合治理区；
大兴安岭嫩江上游水源地保护治理区；
额尔古纳河流域生态保护恢复综合治理区；
额尔古纳市、根河市、牙克石市；
岭南林草过渡带生态综合治理区。

● **主要林木良种**

（1）红花尔基樟子松母树林种子。

（2）旺业甸林场樟子松种子园种子。
（3）旺业甸林场樟子松母树林种子。
（4）大杨树林业局樟子松母树林种子。
（5）阿尔山樟子松种源种子。

● **繁殖与栽培**

主要以种子繁殖为主，宜采取高床或高垄育苗。

09 侧柏

Platycladus orientalis

蒙名 晗布他盖—阿日查
别名 香树、柏树
科属 柏科侧柏属

● **生物学特征**

常绿乔木。树皮薄，浅灰褐色，纵裂成条片。枝条向上伸展或斜展；生鳞叶的小枝细，向上直展或斜展，扁平，排成一平面。雄球花黄色，卵圆形，长约2mm。雌球花近球形，径约2mm，蓝绿色，被白粉。球果近卵圆形，成熟前近肉质，蓝绿色，被白粉，成熟后木质，开裂，红褐色。花期3~4月，球果10月成熟。

● **生态学特性**

喜光，耐瘠薄，抗风；生于海拔1700m以下向阳干燥瘠薄的山坡或岩石裸露石崖缝中或黄土覆盖的石质山坡，常与油松形成混交林或散生林。

● **三北工程适用区域**

核心攻坚区：阴山北麓（河套平原）生态综合治理区；
库布齐—毛乌素沙漠沙化地综合防治区；
内蒙古科尔沁沙地综合治理区；
浑善达克沙地综合治理区。

协同推进区：内蒙古东部草原沙地综合治理区；
大兴安岭嫩江上游水源地保护治理区；
岭南林草过渡带生态综合治理区。

● **繁殖与栽培**

种子繁殖或扦插无性繁殖；1~3年生苗可裸根造林。

10 圆柏

Juniperus chinensis

蒙名 乌和日—阿日查
别名 桧柏
科属 柏科刺柏属

● **生物学特征**

常绿乔木。树皮深灰色，纵裂，呈条片开裂。小枝通常直或稍呈弧状弯曲，生鳞叶的小枝近圆柱形或近四棱形。叶 2 型，即刺叶及鳞叶；刺叶生于幼树之上，老龄树则全为鳞叶，壮龄树兼有刺叶与鳞叶。雌雄异株，稀同株，雄球花黄色，椭圆形。球果近圆球形，2 年成熟，熟时暗褐色，被白粉或白粉脱落，有 1~4 粒种子。花期 5 月，球果翌年 10 月成熟。

● **生态学特性**

喜光，耐寒、耐旱、耐瘠薄；生于海拔 1300m 以下的山坡丛林中。

● **三北工程适用区域**

核心攻坚区：阴山北麓（河套平原）生态综合治理区；
库布齐—毛乌素沙漠沙化地综合防治区。

● **主要林木良种**

蒙林兰柏。

● **繁殖与栽培**

播种、扦插、压条繁殖；植苗造林。

11 杜松

Juniperus rigida

蒙名 乌日格苏图—阿日查
别名 崩松、刚桧
科属 柏科刺柏属

● **生物学特征**

常绿小乔木；高达 10m。小枝下垂。叶条状刺形，质厚，坚硬而直，长 1.2~1.7cm，宽约 1cm，先端锐尖，叶上面凹下呈深槽，槽内有 1 条窄白粉带，下面有明显的纵脊。球果球形，径 6~8mm，熟时淡褐黑或蓝黑色，被白粉；种子近卵圆形，长约 6mm，先端尖，有 4 条钝棱。

● **生态学特性**

喜光，耐瘠薄；生于海拔 1400~2200m 的石砾质山地阳坡和半阳坡或在干燥岩石裸露的山顶、山坡的石缝中。

● **三北工程适用区域**

核心攻坚区：阴山北麓（河套平原）生态综合治理区；

腾格里—乌兰布和沙漠（贺兰山西麓）防沙治沙区；

库布齐—毛乌素沙漠沙化地综合防治区；

浑善达克沙地综合治理区。

● **繁殖与栽培**

播种繁殖；1~2 年生容器苗造林。

12 胡杨

Juniperus rigida

蒙名 图日爱—奥力牙苏
别名 胡桐
科属 杨柳科杨属

● **生物学特征**

落叶乔木，稀灌木状。树皮淡灰褐色，下部条裂。芽椭圆形，光滑，褐色。苗期和萌枝叶披针形或线状披针形。叶形多变化，卵圆形、卵圆状披针形、三角状卵圆形或肾形，有2腺点。雄花序细圆柱形，花药紫红色，雌花柱头3，2浅裂，鲜红或淡黄绿色。蒴果长卵圆形，2~3瓣裂，无毛。花期5月，果期7~8月。

● **生态学特性**

喜光，抗热，耐旱，抗盐碱、抗风沙，喜生盐碱土壤，为吸盐植物。主要生于荒漠区的河流沿岸及盐碱湖，为荒漠区河岸林建群种。

● **三北工程适用区域**

核心攻坚区：阴山北麓（河套平原）生态综合治理区；

腾格里—乌兰布和沙漠（贺兰山西麓）防沙治沙区；

库布齐—毛乌素沙漠沙化地综合防治区；

浑善达克沙地综合治理区；

巴丹吉林沙漠边缘（内蒙古西部荒漠）防沙治沙区。

● **主要林木良种**

（1）赛汉陶来胡杨母树林种子。
（2）乌拉特前旗羊房子胡杨母树林种子。

● **繁殖与栽培**

主要为种子繁殖，种子的生命周期极短，应随采随播；1~2年容器苗造林。

13 '小胡杨 1 号'

Populus simonii × *Populus euphratica* 'Xiaohuyang-1'

科属　杨柳科杨属

● **生物学特征**

落叶乔木，人工杂交选育品种，该品种为雄株。母本为通辽市当地抗逆性较强的小叶杨，父本为巴彦淖尔市乌拉特前旗天然生长的胡杨。干形通直，树冠塔形，枝痕三角形和半圆形，具有明显的 2 型叶，生长速度较亲本快。

● **生态学特性**

具有抗干旱、耐盐碱等特点，用于固沙、水土保持、园林绿化和一般用材等。适宜在平缓沙地、盐碱地、黄土丘陵地、碱化草甸土壤栽植。

● **三北工程适用区域**

核心攻坚区：阴山北麓（河套平原）生态综合治理区；

库布齐—毛乌素沙漠沙化地综合防治区；

浑善达克沙地综合治理区。

● **繁殖与栽培**

扦插繁殖育苗；1~2 生容器苗造林。

14 '小胡杨 2 号'

Populus simonii × *Populus euphratica* 'Xiaohuyang-2'

科属 杨柳科杨属

● **生物学特征**

落叶乔木，是以胡杨为父本、小叶杨为母本杂交选育的具有双亲融合性状的人工杂交选育品种。主干通直，分枝多，角度小，树冠紧密，呈塔形。根系十分发达。叶形多变化，苗期呈倒披针形，成年后树冠上的叶形有倒披针形、椭圆形、菱形、卵形，长4~8cm、宽3~7cm，先端有1~3对粗齿牙，基部楔形、阔楔形、圆形或截形叶，革质化，枝上长毛，叶翠绿色，秋季叶子金黄。总体来说，杂交种的叶形更多像父本胡杨，而质地更像母本小叶杨。

● **生态学特性**

既有胡杨的耐旱、耐盐碱性，又有小叶杨速生、适应范围广的特性，是干旱、半干旱区植树造林及改良盐渍土的优良树种，已在甘肃、宁夏、新疆和内蒙古等西北地区的沙地、盐碱地和泄洪渠推广应用。

● **三北工程适用区域**

核心攻坚区： 阴山北麓（河套平原）生态综合治理区；

库布齐—毛乌素沙漠沙化地综合防治区；

科尔沁沙地综合治理区；

浑善达克沙地综合治理区。

● **繁殖与栽培**

扦插繁育；造林采用2年生二根一干或三根二干苗，根幅以30~40cm为宜，提倡营造乔灌、针阔叶混交林。

15 新疆杨

Populus alba var. *pyramidalis*

蒙名 新疆—奥力牙苏
科属 杨柳科杨属

● **生物学特征**

落叶乔木。树干通直，树冠窄圆柱形或尖塔形。树皮灰白或青灰色，光滑少裂。萌条和长枝叶掌状深裂，基部平截；短枝叶圆形，有粗缺齿，侧齿几对称，基部平截，下面绿色几无毛，初被薄茸毛，后渐脱落。仅见雄株。花期3~4月。

● **生态学特性**

喜光，抗大气干旱，抗风，抗烟尘，抗柳毒蛾，较耐盐碱，但在未经改良的盐碱地、沼泽地、黏土地、戈壁滩等均生长不良。中湿性树种，抗寒性较差；北疆地区在树干基部西南方向常发生冻裂，在年度极端最低气温达 −30℃以下时，苗木冻梢严重。

● **三北工程适用区域**

核心攻坚区：阴山北麓（河套平原）生态综合治理区；

腾格里—乌兰布和沙漠（贺兰山西麓）防沙治沙区；

库布齐—毛乌素沙漠沙化地综合防治区；

内蒙古科尔沁沙地综合治理区；

浑善达克沙地综合治理区；

巴丹吉林沙漠边缘（内蒙古西部荒漠）防沙治沙区。

协同推进区：内蒙古东部草原沙地综合治理区。

● **繁殖与栽培**

主要以无性扦插繁殖，扦插时要注意水热结合，覆膜后插穗出苗率更高；造林采用植苗造林。

16 '银中杨'

Populus alba × Populus berolinensis

科属 杨柳科杨属

● **生物学特征**

落叶乔木，人工杂交选育品种，以熊岳的银白杨为母本，以中东杨为父本，该品种为雄性无性系。树干通直，皮孔菱形。树皮灰绿色，披白粉。树冠呈圆锥形。小枝圆筒状灰绿色。萌枝和长枝叶叶片大，卵形掌状 3~5 裂，长 5~10cm，宽 4~7cm，先端钝尖，基部楔形或圆楔形，叶片两色，叶表面暗绿色，背面银白色，披有白茸毛；短枝叶较小，先端钝尖，基部楔形，边缘有不规则波状钝齿，表面光滑暗绿色，背面披有白茸毛。雄性不飞絮。树姿优美，生长期短。

● **生态学特性**

分布于中温带亚湿润区、中温带半干旱区、中温带干旱区。喜光、耐旱、耐寒、耐盐碱、抗病虫，在齐齐哈尔经历 −39.5℃低温未发生冻害，生长良好，抗寒性优于新疆杨。

● **三北工程适用区域**

核心攻坚区：阴山北麓（河套平原）生态综合治理区；
库布齐—毛乌素沙漠沙化地综合防治区；
内蒙古科尔沁沙地综合治理区；
浑善达克沙地综合治理区。

协同推进区：内蒙古东部草原沙地综合治理区；
额尔古纳河流域生态保护恢复综合治理区。

● **繁殖与栽培**

嫁接育苗，扦插、母根或根蘖繁育；营造用材林苗木采用 2 年生母根或二根一干、二根二干苗，根幅以 30~40cm 为宜，提倡营造混交林。

17 青杨

Populus cathayana

蒙名 昂格力—宝日—虎斯
别名 河杨、大叶白杨
科属 杨柳科杨属

● **生物学特征**

落叶乔木；高达 30m。幼枝无毛。芽长圆锥形，无毛，多黏质。短枝叶卵形、椭圆状卵形、椭圆形或窄卵形，长 5~10cm，最宽在中部以下，先端渐尖或骤渐尖，基部圆，稀近心形或宽楔形，具腺圆锯齿，下面绿白色，侧脉 5~7，无毛，叶柄圆柱形，长 2~7cm，无毛；长枝或萌枝叶卵状长圆形，长 10~20cm，基部常微心形，叶柄圆柱形，长 1~3cm，无毛。雄花序长 5~6cm，雄蕊 30~35，苞片条裂，无毛；雌花序长 4~5cm，柱头 2~4 裂。果序长 10~15（20）cm，蒴果卵圆形，长 6~9mm，（2）3~4 瓣裂。

● **生态学特性**

喜温凉湿润，耐寒，不耐水淹，中生植物。分布于中温带半干旱区、中温带干旱区。生于海拔 1300~2000m 阴坡、沙地、平原。

● **三北工程适用区域**

核心攻坚区：阴山北麓（河套平原）生态综合治理区；
浑善达克沙地综合治理区。

● **繁殖与栽培**

种子繁殖或硬枝扦插繁殖；植苗造林。

18 小叶杨

Populus simonii

蒙名 宝日一毛都
别名 明杨
科属 杨柳科杨属

● **生物学特征**

落叶乔木；高达 20m，胸径 50cm 以上。幼树小枝及萌枝有棱脊，常红褐色；老树小枝圆，无毛。芽细长，有黏质。叶菱状卵形、菱状椭圆形或菱状倒卵形，长 3~12cm，中部以上较宽，先端骤尖或渐尖，基部楔形、宽楔形或窄圆，具细锯齿，无毛，下面灰绿或微白；叶柄圆筒形，长 0.5~4cm，无毛。雄花序长 2~7cm，花序轴无毛，苞片细条裂，雄蕊 8~9（25）；雌花序长 2.5~6cm；苞片淡绿色，裂片褐色，2（3）瓣裂，无毛。果序长达 15cm。花期 3~5 月，果期 4~6 月。

● **生态学特性**

适应性强，喜光、耐旱、耐寒、耐瘠薄，稍耐碱，不耐阴。

● **三北工程适用区域**

核心攻坚区：阴山北麓（河套平原）生态综合治理区；

库布齐—毛乌素沙漠沙化地综合防治区；

内蒙古科尔沁沙地综合治理区；

浑善达克沙地综合治理区。

● **主要林木良种**

'塔形'小叶杨。

● **繁殖与栽培**

可种子繁殖或扦插繁殖；植苗造林。

19 '哲林4号'杨

Populus deltoides 'Zhelin4'

别名 杨树
科属 杨柳科杨属

● **生物学特征**

落叶乔木，人工杂交选育品种，是以'哲引3号'杨（*Populus deltoides* 'Zhelin3'）为母本，加拿大杨为父本，杂交选育的优良无性系。干形通直。

● **生态学特性**

抗逆性强，造林成活率高，生长快。

● **三北工程适用区域**

核心攻坚区：内蒙古科尔沁沙地综合治理区；浑善达克沙地综合治理区。
协同推进区：内蒙古东部草原沙地综合治理区；大兴安岭嫩江上游水源地保护治理区；岭南林草过渡带生态综合治理区。

● **繁殖与栽培**

扦插育苗繁殖；植苗造林。

'汇林88号'杨

Populus simonii 'Huilin88'

别名 杨树
科属 杨柳科杨属

● **生物学特征**
　　落叶乔木，天然杂交选育品种，雄株，是利用小叶杨优树天然杂交种子后代进行培育，选择出的小叶杨天然杂种F1代。干形通直、圆满。

● **生态学特性**
　　耐瘠薄、耐干旱，抗病，速生。

● **三北工程适用区域**
　　核心攻坚区：内蒙古科尔沁沙地综合治理区；浑善达克沙地综合治理区。
　　协同推进区：内蒙古东部草原沙地综合治理区；大兴安岭嫩江上游水源地保护治理区；岭南林草过渡带生态综合治理区。

● **繁殖与栽培**
　　扦插育苗繁殖；植苗造林。

21 '通林7号'杨

Populus simonii × Populus nigra 'Tonglin7'

别名 杨树

科属 杨柳科杨属

● **生物学特征**

落叶乔木，人工杂交选育品种，优良雄性无性系，是小叶杨与欧洲黑杨派间杂交获得的杂种后代。明显表现出亲本的部分表型特征，又展示出了优于亲本特性的杂种优势。干形通直、圆满。

● **生态学特性**

耐瘠薄、耐旱、耐寒，速生，抗病，适应性强等特性。

● **三北工程适用区域**

核心攻坚区：内蒙古科尔沁沙地综合治理区；

浑善达克沙地综合治理区。

协同推进区：内蒙古东部草原沙地综合治理区；

大兴安岭嫩江上游水源地保护治理区；

岭南林草过渡带生态综合治理区。

● **繁殖与栽培**

扦插育苗繁殖；植苗造林。

22 '拟青×山海关杨'
Populus pseudo-cathayana × Populus deltoides 'Shanhaiguan'

别名 杨树

科属 杨柳科杨属

● **生物学特征**

落叶乔木，人工杂交选育品种，优良雄性无性系，以内蒙古扎兰屯的拟青杨为母本，以北京的山海关杨为父本人工杂交选育获得。

● **生态学特性**

抗旱、抗寒、抗盐碱、抗病虫害，根系发达，造林成活率高、生长快。

● **三北工程适用区域**

核心攻坚区：内蒙古科尔沁沙地综合治理区；

浑善达克沙地综合治理区。

协同推进区：内蒙古东部草原沙地综合治理区；

大兴安岭嫩江上游水源地保护治理区；

岭南林草过渡带生态综合治理区。

● **繁殖与栽培**

扦插育苗繁殖；植苗造林。

23 '小黑'杨

Populus × 'Xiaohei'

科属 杨柳科杨属

● **生物学特征**

落叶乔木；高 20m。树干通直圆满。侧枝较多，斜上，与主干成 45°~60°。树冠长卵形。短枝叶菱状椭圆形或菱状卵形，长 5~8cm，宽 4~4.5cm；叶柄先端侧扁，黄绿色，长 2~4cm，无毛。花芽牛角状，先端向外弯曲，多 3~4 个集生，均有黏质；雄花序长 4.5~5.5cm，有花 50 朵左右，雄蕊 20~30，花盘扇形，黄色，苞片纺锤形，黄色，先端褐色，条状分裂；雌花序长 5~7cm，果期长达 17cm。蒴果较大，卵状椭圆形，具柄，2 瓣裂；果有种子 5~10 粒。种子倒卵形，较大，红褐色。

● **生态学特性**

喜光，喜冷、湿气候，抗寒、抗旱，耐瘠薄、耐盐碱。

● **三北工程适用区域**

核心攻坚区： 阴山北麓（河套平原）生态综合治理区；

库布齐—毛乌素沙漠沙化地综合防治区；
内蒙古科尔沁沙地综合治理区；
浑善达克沙地综合治理区。

协同推进区： 内蒙古东部草原沙地综合治理区；大兴安岭嫩江上游水源地保护治理区；额尔古纳河流域生态保护恢复综合治理区；岭南林草过渡带生态综合治理区。

● **主要林木良种**

赤峰'小黑'杨。

● **繁殖与栽培**

种子繁殖或扦插繁殖；植苗造林。

旱柳
Salix matsudana

蒙名 噢答
别名 河柳、羊角柳、白皮柳
科属 杨柳科柳属

● **生物学特征**

落叶乔木。树冠广圆形。树皮暗灰黑色，有裂沟。大枝斜上，枝细长，直立或斜展，浅褐黄色或带绿色，后变褐色。叶披针形，上面绿色，无毛，有光泽，下面苍白色或带白色。花序与叶同时开放；雄花序圆柱形，雄蕊 2；雌花序较雄花序短，无花柱或很短。果序长达 2（2.5）cm。花期 4 月，果期 4~5 月。

● **生态学特性**

喜光，耐寒，湿地、旱地皆能生长，但以湿润而排水良好的土壤上生长最好；根系发达，抗风能力强，生长快，易繁殖。

● **三北工程适用区域**

核心攻坚区：阴山北麓（河套平原）生态综合治理区；

腾格里—乌兰布和沙漠（贺兰山西麓）防沙治沙区；
库布齐—毛乌素沙漠沙化地综合防治区；
内蒙古科尔沁沙地综合治理区；
浑善达克沙地综合治理区；
巴丹吉林沙漠边缘（内蒙古西部荒漠）防沙治沙区。
协同推进区：内蒙古东部草原沙地综合治理区；
额尔古纳河流域生态保护恢复综合治理区。

● **主要林木良种**

乌审旗旱柳优良种源穗条。

● **繁殖与栽培**

主要插条或埋干繁殖，也可种子繁殖；植苗或埋干造林。

25 垂柳

Salix babylonica

蒙名 温吉给日—噢答
科属 杨柳科柳属

● **生物学特征**

落叶乔木。树冠开展而疏散。树皮灰黑色，不规则开裂。枝细，下垂，淡褐黄色、淡褐色或带紫色。叶狭披针形或线状披针形，上面绿色，下面色较淡。花序先叶开放或与叶同时开放；雄花序长 1.5~2（3）cm；雌花序长达 2~3（5）cm，有梗；腺体 1。蒴果长 3~4mm，带绿黄褐色。花期 3~4 月，果期 4~5 月。

● **生态学特性**

喜光、喜水湿，耐水湿，萌芽能力强，生长快。生于河流两岸及水分条件较好的平原等地区，也能生于干旱处。

● **三北工程适用区域**

核心攻坚区： 阴山北麓（河套平原）生态综合治理区；
内蒙古科尔沁沙地综合治理区；
浑善达克沙地综合治理区。

协同推进区： 内蒙古东部草原沙地综合治理区；
大兴安岭嫩江上游水源地保护治理区；
额尔古纳河流域生态保护恢复综合治理区；
岭南林草过渡带生态综合治理区。

● **繁殖与栽培**

主要为扦插繁殖，嫩枝、硬枝均可，成活率达 90% 以上；植苗造林。

26 白桦

Betula platyphylla

蒙名 查干—虎斯
别名 粉桦、桦木
科属 桦木科桦木属

● **生物学特征**

落叶乔木。树皮灰白色，分层剥裂。枝条暗灰色或暗褐色，无毛。叶厚纸质，三角状卵形、三角状菱形、三角形，边缘具重锯齿，有时具缺刻状重锯齿或单齿，上面于幼时疏被毛和腺点，成熟后无毛无腺点，下面无毛，密生腺点。果序单生，圆柱形或矩圆状圆柱形，通常下垂；小坚果狭矩圆形、矩圆形或卵形。花期 5~6 月，果期 8~9 月。

● **生态学特性**

适应性强，分布甚广，耐瘠薄、耐寒，对土壤适应性强，喜酸性，尤喜湿润土壤，为次生林的先锋树种。

● **三北工程适用区域**

核心攻坚区：内蒙古科尔沁沙地综合治理区；
浑善达克沙地综合治理区。
协同推进区：内蒙古东部草原沙地综合治理区；
大兴安岭嫩江上游水源地保护治理区；
额尔古纳河流域生态保护恢复综合治理区；
岭南林草过渡带生态综合治理区。

● **主要林木良种**

（1）桦木沟林场白桦优良种源区种子。
（2）杜拉尔林场白桦母树林种子。

● **繁殖与栽培**

播种、嫁接繁殖；植苗造林。

27 黑桦

Betula dahurica

蒙名 哈日—虎斯
别名 棘皮桦、千层桦
科属 桦木科桦木属

● **生物学特征**

落叶乔木。树皮黑褐色，龟裂。枝条红褐色或暗褐色。叶厚纸质，通常为长卵形，间有宽卵形、卵形、菱状卵形或椭圆形。果序矩圆状圆柱形，单生，直立或微下垂；果苞背面无毛，边缘具纤毛，基部宽楔形，上部3裂；小坚果膜质翅宽约为果的1/2。花期5~6月，果期8~9月。

● **生态学特性**

常与白桦、山杨等混生。喜光、耐寒，生于海拔400~1300m干燥、土层较厚的阳坡、山顶石岩上、潮湿阳坡、针叶林或杂木林下。

● **三北工程适用区域**

协同推进区：内蒙古东部草原沙地综合治理区；

大兴安岭嫩江上游水源地保护治理区；

额尔古纳河流域生态保护恢复综合治理区；

岭南林草过渡带生态综合治理区。

● **繁殖与栽培**

种子繁殖；植苗造林。

28 蒙古栎

Quercus mongolica

蒙名 查日苏
别名 五台栎、辽东栎、柞树
科属 壳斗科栎属

● **生物学特征**

落叶乔木。树皮灰褐色，纵裂。幼枝紫褐色，有棱，无毛。顶芽长卵形，微有棱。叶片倒卵形至长倒卵形，叶缘7~10对钝齿或粗齿。雄花序生于新枝下部，花被6~8裂；雌花序生于新枝上端叶腋，长约1cm，有花4~5朵，通常只有1~2朵发育。壳斗杯形，包着坚果1/3~1/2，壳斗外壁小苞片三角状卵形，呈半球形瘤状突起，密被灰白色短茸毛；坚果卵形至长卵形，无毛，果脐微突起。花期4~5月，果期9月。

● **生态学特性**

生于土壤深厚、排水良好的坡地上，常在阳坡、半阳坡形成小片纯林或与桦树等组成混交林。

● **三北工程适用区域**

核心攻坚区：内蒙古科尔沁沙地综合治理区；
浑善达克沙地综合治理区。
协同推进区：内蒙古东部草原沙地综合治理区；
大兴安岭嫩江上游水源地保护治理区；
额尔古纳河流域生态保护恢复综合治理区；
岭南林草过渡带生态综合治理区。

● **主要林木良种**

大局子林场蒙古栎母树林种子。

● **繁殖与栽培**

种子繁殖；植苗造林。

29 大果榆

Ulmus macrocarpa

蒙名 得力图
别名 黄榆、蒙古黄榆
科属 榆科榆属

● 生物学特征

落叶乔木或灌木。树皮暗灰色或灰黑色，纵裂，粗糙。小枝有时（尤以萌发枝及幼树的小枝）两侧具对生而扁平的木栓翅，间或上下亦有微突起的木栓翅。叶宽倒卵形、倒卵状圆形、倒卵状菱形或倒卵形，厚革质，两面粗糙，叶面密生硬毛或有突起的毛迹。花自花芽或混合芽抽出，在前一年生枝上排成簇状聚伞花序或散生于新枝的基部。翅果宽倒卵状圆形、近圆形或宽椭圆形，果核位于翅果中部。花果期4~5月。

● 生态学特性

喜光树种，耐干旱，能适应碱性、中性及微酸性土壤。生于海拔700~1800m地带之山坡、谷地、台地、黄土丘陵、固定沙丘及岩缝中。

● 三北工程适用区域

核心攻坚区：阴山北麓（河套平原）生态综合治理区；

内蒙古科尔沁沙地综合治理区；

浑善达克沙地综合治理区。

● 主要林木良种

科尔沁左翼中旗乌斯吐自然保护区大果榆优良种源区种子。

● 繁殖与栽培

种子繁殖；植苗造林。

30 榆

Ulmus pumila

蒙名 海拉苏
别名 白榆、家榆、榆树
科属 榆科榆属

● **生物学特征**

落叶乔木，在干瘠之地长成灌木状。幼树树皮平滑，灰褐色或浅灰色；成年树皮暗灰色，不规则深纵裂，粗糙。小枝无毛或有毛，无膨大的木栓层及凸起的木栓翅。冬芽近球形或卵圆形。叶椭圆状卵形、长卵形、椭圆状披针形或卵状披针形，叶面平滑无毛。花先叶开放，在前一年生枝的叶腋呈簇生状。翅果近圆形，稀倒卵状圆形，果核部分位于翅果的中部。花果期 3~6 月（东北较晚）。

● **生态学特性**

喜光，生长快，根系发达，适应性强，能耐干冷气候及中度盐碱，但不耐水湿（能耐雨季水涝）。生于海拔 1000~2500m 的山坡、山谷、川地、丘陵及沙岗等处。

● **三北工程适用区域**

核心攻坚区：阴山北麓（河套平原）生态综合治理区；
腾格里—乌兰布和沙漠（贺兰山西麓）防沙治沙区；
库布齐—毛乌素沙漠沙化地综合防治区；
内蒙古科尔沁沙地综合治理区；
浑善达克沙地综合治理区；
巴丹吉林沙漠边缘（内蒙古西部荒漠）防沙治沙区；
内蒙古东部草原沙地综合治理区；
大兴安岭嫩江上游水源地保护治理区；
额尔古纳河流域生态保护恢复综合治理区；
岭南林草过渡带生态综合治理区。

● **主要林木良种**

科尔沁左翼中旗白音花林场家榆优良种源区种子。

● **繁殖与栽培**

主要为人工种子繁殖，于当年 6~7 月种子成熟后立即播种为好，出苗率可达 100%；雨季植播造林或春季植苗造林。

31 旱榆

Ulmus glaucescens

蒙名 柴布日—海拉苏
别名 灰榆、山榆
科属 榆科榆属

● **生物学特征**

落叶乔木或灌木。树皮浅纵裂。幼枝多少被毛，小枝无木栓翅及膨大的木栓层。冬芽卵圆形或近球形，边缘密生锈褐色或锈黑色的长柔毛。叶卵形、菱状卵形、椭圆形、长卵形或椭圆状披针形，边缘具钝而整齐的单锯齿。花自混合芽抽出，散生于新枝基部或近基部，或自花芽抽出，3~5个在前一年生枝上呈簇生状。翅果椭圆形或宽椭圆形，果翅较厚，果核位于翅果中上部。花果期3~5月。

● **生态学特性**

耐干旱、寒冷，可作西北地区荒山造林及防护林树种，生于海拔500~2400m地带。

● **三北工程适用区域**

核心攻坚区：阴山北麓（河套平原）生态综合治理区；

腾格里—乌兰布和沙漠（贺兰山西麓）防沙治沙区。

● **繁殖与栽培**

播种、扦插和分蘖法繁殖；春秋两季均可直播或植苗造林。

32 金叶榆

Ulmus pumila 'Jinye'

别名 中华金叶榆
科属 榆科榆属

● **生物学特征**

落叶乔木。树皮暗灰色，不规则深纵裂，粗糙。小枝无膨大的木栓层及突起的木栓翅。叶椭圆状卵形，叶缘具锯齿，叶尖渐尖，互生于枝条上，叶片金黄色，叶脉清晰。花先叶开放，在前一年生枝的叶腋呈簇生状。翅果近圆形，果核部分位于翅果的中部，上端不接近或接近缺口，白黄色。花果期3~6月（东北较晚）。

● **生态学特性**

喜光，耐寒、耐旱、耐瘠薄、耐盐碱，不耐水湿。水土保持能力强，除用于城市绿化外，还可大量应用于山体景观生态绿化中，营造景观生态林和水土保持林。

● **三北工程适用区域**

核心攻坚区：阴山北麓（河套平原）生态综合治理区；

腾格里—乌兰布和沙漠（贺兰山西麓）防沙治沙区；

库布齐—毛乌素沙漠沙化地综合防治区；

浑善达克沙地综合治理区。

● **繁殖与栽培**

嫁接或扦插繁殖；植苗造林。

33 龙爪榆

Ulmus pumila 'Pendula'

蒙名 温吉给日—海拉苏
别名 垂榆、倒榆
科属 榆科榆属

● **生物学特征**

落叶小乔木。枝条柔软、小枝卷曲或扭曲而下垂。单叶互生，椭圆状窄卵形或椭圆状披针形，基部偏斜，叶缘具单锯齿。花先叶开放，在前一年生枝的叶腋呈簇生状。翅果近圆形，果核部分位于翅果的中部。花果期3~6月（东北较晚）。

● **生态学特性**

喜光，抗干旱，耐盐碱、耐土壤瘠薄、耐旱、耐寒，不耐水湿，根系发达，对有害气体有较强的抗性。

● **三北工程适用区域**

核心攻坚区：内蒙古科尔沁沙地综合治理区；
浑善达克沙地综合治理区。
协同推进区：内蒙古东部草原沙地综合治理区；
大兴安岭嫩江上游水源地保护治理区；
岭南林草过渡带生态综合治理区。

● **繁殖与栽培**

播种或嫁接繁殖；植苗造林。

刺榆

Hemiptelea davidii

蒙名 散道特—海拉苏
别名 枢
科属 榆科刺榆属

- **生物学特征**

　　落叶小乔木，或呈灌木状。树皮深灰色或褐灰色，不规则的条状深裂。小枝灰褐色或紫褐色，被灰白色短柔毛，具粗而硬的棘刺。冬芽常3个聚生于叶腋。叶椭圆形或椭圆状矩圆形，边缘有整齐的粗锯齿，叶面绿色，幼时被毛，后脱落残留有稍隆起的圆点。小坚果黄绿色，斜卵圆形，两侧扁，在背侧具窄翅，形似鸡头，翅端渐狭呈缘状。花期4~5月，果期9~10月。

- **生态学特性**

　　耐干旱，各种土质易于生长，可作固沙树种。生于草原带的固定沙丘，为沙地疏林的伴生种。

- **三北工程适用区域**

　　核心攻坚区：内蒙古科尔沁沙地综合治理区。

　　协同推进区：内蒙古东部草原沙地综合治理区。

- **主要林木良种**

　　科尔沁左翼后旗吉尔嘎朗刺榆优良种源区种子。

- **繁殖与栽培**

　　播种、扦插、嫁接、分株繁殖；植苗造林。

35 桑
Morus alba

蒙名 衣拉马
别名 家桑、白桑
科属 桑科桑属

● **生物学特征**

落叶乔木或灌木。树皮厚，灰色，具不规则浅纵裂。叶卵形或广卵形，边缘锯齿粗钝，有时叶为各种分裂。花单性，腋生或生于芽鳞腋内，与叶同时生出；雄花序下垂，密被白色柔毛；花被片宽椭圆形，淡绿色；雌花序被毛，雌花无梗。聚花果卵状椭圆形，成熟时红色或暗紫色。花期 5 月，果期 6~7 月。

● **生态学特性**

喜光、喜温暖，耐寒、耐旱、耐瘠薄、耐水湿。常栽培于田边、村边。

● **三北工程适用区域**

核心攻坚区：阴山北麓（河套平原）生态综合治理区；

腾格里—乌兰布和沙漠（贺兰山西麓）防沙治沙区；

库布齐—毛乌素沙漠沙化地综合防治区；

浑善达克沙地综合治理区。

● **主要林木良种**

'蒙饲桑 1 号'。

● **繁殖与栽培**

播种、扦插、嫁接、压条繁殖；植苗造林。

蒙桑

Morus mongolica

蒙名 蒙古乐—衣拉马
别名 山桑、刺叶桑、崖桑
科属 桑科桑属

● **生物学特征**

落叶小乔木或灌木。树皮灰褐色，纵裂。小枝暗红色，老枝灰黑色。冬芽卵圆形，灰褐色。叶长椭圆状卵形，先端尾尖，基部心形，边缘具三角形单锯齿，稀为重锯齿，齿尖有长刺芒，两面无毛。雄花序长 3cm，雄花花被暗黄色；雌花序短圆柱状。聚花果长 1.5cm，成熟时红色至紫黑色。花期 5 月，果期 6~7 月。

● **生态学特性**

喜光，耐寒、耐旱、耐水湿。生于森林、草原带和草原带的向阳山坡、山麓、丘陵、低地、沟谷和疏林中。

● **三北工程适用区域**

核心攻坚区：内蒙古科尔沁沙地综合治理区；

浑善达克沙地综合治理区。

● **主要林木良种**

科尔沁左翼中旗乌斯吐自然保护区蒙桑优良种源区种子。

● **繁殖与栽培**

播种或嫁接繁殖；植苗造林。

山楂

Morus alba

蒙名 道老纳
别名 山里红、裂叶山楂
科属 蔷薇科山楂属

● **生物学特征**

落叶乔木。树皮暗灰色。小枝淡褐色，枝刺长1~2cm。叶宽卵形、三角状卵形或菱状卵形，边缘有3~4对羽状深裂，裂片披针形、卵状披针形或条状披针形，边缘有不规则的锯齿；托叶大，镰状，边缘有锯齿。伞房花序，有多花，花梗及总花梗均被毛；花瓣倒卵形或近圆形，白色，花药粉红色。果实近球形或宽卵形，直径1~1.5cm，深红色，表面有灰白色斑点，内有3~5小核，果梗被毛。花期6月，果熟期9~10月。

● **生态学特性**

喜光，耐半阴、耐寒、耐旱、耐瘠薄。生于森林区或森林草原区的山地沟谷。

● **三北工程适用区域**

核心攻坚区：阴山北麓（河套平原）生态综合治理区；
内蒙古科尔沁沙地综合治理区；
浑善达克沙地综合治理区。
协同推进区：内蒙古东部草原沙地综合治理区；
大兴安岭嫩江上游水源地保护治理区；
岭南林草过渡带生态综合治理区。

● **繁殖与栽培**

播种、扦插、嫁接繁殖；植苗造林。

38 秋子梨
Pyrus ussuriensis

蒙名 阿格为格—阿力玛
别名 花盖梨、山梨、野梨
科属 蔷薇科梨属

● **生物学特征**

落叶乔木。树皮粗糙，暗灰色。枝黄灰色或褐色，常有刺。芽宽卵形，有数片褐色鳞片，鳞片边缘稍被毛。叶片近圆形、宽卵形或卵形，先端长尾状渐尖，边缘具刺芒的尖锐锯齿。伞房花序有花 5~7 朵，花瓣倒卵形，基部有短爪，白色，花药紫色。果实近球形，黄色或绿黄色，有褐色斑点，果肉含多数石细胞，味酸甜，经后熟果肉变软，有香气。花期 5 月，果熟期 9~10 月。

● **生态学特性**

喜光，耐寒、耐旱，喜生于潮湿、肥沃、深厚的土壤中。生于山地及溪沟杂木林中。

● **三北工程适用区域**

核心攻坚区：阴山北麓（河套平原）生态综合治理区；
库布齐—毛乌素沙漠沙化地综合防治区；
内蒙古科尔沁沙地综合治理区；
浑善达克沙地综合治理区。

协同推进区：内蒙古东部草原沙地综合治理区；
大兴安岭嫩江上游水源地保护治理区；
岭南林草过渡带生态综合治理区。

● **繁殖与栽培**

种子、嫁接繁殖；植苗造林。

39 杜梨

Pyrus betulifolia

蒙名 哲日力格—阿力梨 哈达
别名 棠梨、土梨
科属 蔷薇科梨属

● **生物学特征**

落叶乔木。枝开展，常有刺，幼时密被灰白色茸毛，老枝近无毛，灰褐色或紫褐色。叶片宽卵形或长卵形，边缘有粗锐锯齿；托叶条状披针形，被茸毛，早落。伞房花序，有花6~14朵，花直径1.5~2cm，白色，花药紫色。果实近球形，直径5~10mm，褐色，有浅色斑点，果梗被茸毛；种子宽卵形，褐色。花期5月，果期9~10月。

● **生态学特性**

耐涝、耐盐碱、耐寒，是盐碱化土壤上梨树的优良砧木。

● **三北工程适用区域**

核心攻坚区：库布齐—毛乌素沙漠沙化地综合防治区。

● **繁殖与栽培**

播种繁殖；植苗造林。

40 稠李

Prunus padus

蒙名 矛衣勒
别名 臭李子
科属 蔷薇科李属

● **生物学特征**

落叶小乔木；高可达 15m。树皮粗糙而多斑纹。冬芽卵圆形，无毛或仅边缘有睫毛。叶片椭圆形、长圆形或长圆倒卵形，长 4~10cm，宽 2~4.5cm。总状花序具有多花，长 7~10cm，基部通常有 2~3 叶，叶片与枝生叶同形，通常较小；花梗长 1~1.5（24）cm，通常无毛；花直径 1~1.6cm；萼筒钟状，花瓣白色，长圆形，先端波状，基部楔形，有短爪，比雄蕊长近 1 倍；雄蕊多数，排成紧密不规则 2 轮；雌蕊 1，心皮无毛，柱头盘状，花柱比长雄蕊短近 1 倍。核果卵球形，顶端有尖头，直径 8~10cm，红褐色至黑色，光滑，核有褶皱。花期 4~5 月，果期 5~10 月。

● **生态学特性**

喜光，耐阴，抗寒力较强，怕积水涝洼，不耐干旱瘠薄，在湿润肥沃的沙质壤土上生长良好。自然分布于山坡、山谷或灌丛中，海拔 880~2500m。

● **三北工程适用区域**

核心攻坚区：科尔沁沙地综合治理区。

● **繁殖与栽培**

扦插、播种繁殖；植苗造林。

41 山桃

Prunus davidiana

蒙名 哲日勒格—陶古日
别名 野桃、山毛桃
科属 蔷薇科李属

● **生物学特征**

乔木；高 6m。树皮光滑，暗红紫色，有光泽，嫩枝红紫色，无毛。腋芽 3 个并生。单叶，互生，叶片披针形或椭圆状披针形，长 5~12cm，宽 1.5~4cm，先端长渐尖，基部宽楔形，边缘有细锐锯齿，两面平滑无毛；托叶条形，长 3~5mm，先端渐尖，早落。花单生，直径 2~3cm，先叶开放；花萼无毛；萼筒钟形，暗紫红色；萼片矩圆状卵形，长约 5mm；花瓣淡红色或白色，倒卵形或近圆形，长 12~14mm，子房密被柔毛，花柱顶生，细长。核果球形，直径 2~2.5cm，先端有小尖头，密被短柔毛；果核矩圆状椭圆形，先端圆形，有弯曲沟槽。花期 4~5 月，果期 7 月。

● **生态学特性**

生于海拔 800~3200m 的草原带的向阳山坡、山谷沟底或荒野疏林及灌丛内。

● **三北工程适用区域**

核心攻坚区：阴山北麓（河套平原）生态综合治理区；
库布齐—毛乌素沙漠沙化地综合防治区；
内蒙古科尔沁沙地综合治理区；
浑善达克沙地综合治理区。

● **繁殖与栽培**

播种育苗、营养杯育苗；种子繁殖；生态工程中多以 1 年生或 2 年生苗植苗造林，城市绿化多用树高 2m 以上大苗进行，春季造林。

桃

Prunus persica

蒙名 陶古日
别名 毛桃、白桃、普通桃
科属 蔷薇科李属

● **生物学特征**

乔木；高 4~8m。树皮暗褐色，鳞片状剥裂。嫩枝无毛，冬芽卵形，先端圆钝，被柔毛，常 3 个并生，中间的芽是叶芽，两侧的芽是花芽。叶矩圆状披针形或椭圆状披针形，长 8~12cm，宽 3~4cm，先端长渐尖，基部宽楔形，边缘有细锯齿，两面无毛或幼嫩时有疏柔毛；托叶条形或条状披针形，边缘有腺体，早落。花单生，直径 2.5~3.5cm，先叶开放；萼筒钟状，长约 5mm，外面被短柔毛，花瓣粉红色或白色，宽倒卵形，长 12~15mm。果肉肉质，肥厚，多汁；果核椭圆形，长 2.5~3cm，顶端有尖头，表面有弯曲沟槽。花期 5 月，果期 7~8 月。

● **生态学特性**

喜光，不耐阴，适温和气候，耐寒、耐旱，忌涝，适宜在土层深厚、富含腐殖质、排水良好、疏松肥沃及保水、保肥能力强的土壤上种植；多生长在光照良好的向阳或半阳坡地。

● **三北工程适用区域**

核心攻坚区：阴山中西段沙化土地综合治理区；

库布齐—毛乌素沙漠沙化地综合防治区；

科尔沁沙地综合治理区；

浑善达克沙地综合治理区。

● **繁殖与栽培**

种子、嫁接、扦插繁殖；植苗造林。

43 山荆子

Malus baccata

蒙名 乌日勒
别名 林荆子、山定子、山丁子
科属 蔷薇科苹果属

● **生物学特征**

落叶乔木；高达14m。幼枝细，无毛。叶椭圆形或卵形，长3~8cm，先端渐尖，稀尾状渐尖，基部楔形或圆形，边缘有细锐锯齿，幼时微被柔毛或无毛；叶柄长2~5cm，幼时有短柔毛及少数腺体，不久即脱落；托叶膜质，披针形，早落。花4~6组成伞形花序，无花序梗，集生枝顶，径5~7cm；花梗长1.5~4cm，无毛；苞片膜质，线状披针形，无毛，早落；花径3~3.5cm；无毛，萼片披针形，先端渐尖，长5~7mm，比被丝托短；花瓣白色，倒卵形，基部有短爪；雄蕊15~20；花柱5或4，基部有长柔毛。果近球形，径0.8~1cm，红或黄色，柄洼及萼洼稍微陷入；萼片脱落；果柄长3~4cm。花期4~6月，果期9~10月。

● **生态学特性**

喜光，耐寒性极强（有些品种能耐-50℃的极低温），耐瘠薄，不耐盐，深根性，寿命长。分布于除盐碱地以外的山丘、平原地区。在不同的生态条件下，各地又有各地的适宜类型。

● **三北工程适用区域**

核心攻坚区：阴山中西段沙化土地综合治理区；
库布齐—毛乌素沙漠沙化地综合防治区；
科尔沁沙地综合治理区；
浑善达克沙地综合治理区。
协同推进区：内蒙古东部草原沙地综合治理区；
大兴安岭嫩江上游水源地保护治理区；
额尔古纳河流域生态保护恢复综合治理区；
岭南林草过渡带生态综合治理区。

● **繁殖与栽培**

多用播种、嫁接繁殖；植苗造林。

皂荚

Gleditsia sinensis

别名 皂角

科属 豆科皂荚属

● **生物学特征**

落叶乔木或小乔木；高可达 30m。枝灰色至深褐色；刺粗壮，圆柱形，常分枝，多呈圆锥状，长达 16cm。叶为一回羽状复叶，长 10~18（26）cm；小叶（2）3~9 对，纸质，卵状披针形至长圆形，长 2~8.5（12.5）cm，宽 1~4（6）cm，先端急尖或渐尖，顶端圆钝，具小尖头。花杂性，黄白色，组成总状花序，花序腋生或顶生，长 5~14cm。荚果带状，长 12~37cm，宽 2~4cm，劲直或扭曲，果肉稍厚，两面鼓起；种子多颗，长圆形或椭圆形，长 11~13cm，宽 8~9cm，棕色，光亮。花期 3~5 月，果期 5~12 月。

● **生态学特性**

性喜光而稍耐阴，喜温暖湿润的气候及深厚肥沃适当湿润的土壤，但对土壤要求不严，在石灰质及盐碱甚至黏土或沙土上均能正常生长。生于海拔 0~2500m 的山坡林中或谷地、路旁。

● **三北工程适用区域**

核心攻坚区：科尔沁沙地综合治理区。

● **繁殖与栽培**

主要是种子繁殖；植苗造林。

45 槐
Styphnolobium japonicum

蒙名 洪呼日朝格图—木德
别名 槐树、国槐
科属 豆科槐属

● **生物学特征**

乔木；高约 10m。树冠圆形。树皮灰色或暗灰色。1 年生小枝暗褐绿色。单数羽状复叶，长 15~25cm，具小叶 7~15 片。圆锥花序顶生，长 15~30cm，花冠黄白色，长 10~15mm。荚果肉质，下垂，串珠状，长 2.5~5cm，成熟时黄绿色，不开裂；种子 1~6 个，肾形，长 7~9mm，黑褐色。花期 8~9 月，果期 9~10 月。

● **生态学特性**

为深根性，喜光树种。适宜生长于湿润肥沃的土壤，我国各地普遍栽培。

● **三北工程适用区域**

核心攻坚区：阴山中西段沙化土地综合治理区；

库布齐—毛乌素沙漠沙化地综合防治区；

浑善达克沙地综合治理区。

● **繁殖与栽培**

播种育苗、营养杯育苗、扦插育苗，种子繁殖；春季植苗造林，多用于城市绿地进行大苗栽植。

46 龙爪槐

Styphnolobium japonicum 'Pendula'

别名 槐树、国槐
科属 豆科槐属

● **生物学特征**

乔木。羽状复叶 25cm，小叶 4~7 对，对生或近互生，纸质，卵状披针形或卵状长圆形，长 2.5~6cm，宽 1.5~3cm，先端渐尖，具小尖头。圆锥花序顶生，常呈金字塔形，长达 30cm，花冠白色或淡黄色，旗瓣近圆形，长和宽约 11mm。荚果串珠状，长 2.5~5cm，径约 10mm，种子间缢缩不明显，种子排列较紧密，具肉质果皮，成熟后不开裂，具种子 1~6 粒；种子卵球形，淡黄绿色，干后黑褐色。花期 7~8 月，果期 8~10 月。

● **生态学特性**

喜光，稍耐阴，能适应干冷气候，喜生于土层深厚、湿润肥沃、排水良好的沙质壤土，深根性，根系发达，抗风力强，萌芽力亦强，寿命长。

● **三北工程适用区域**

核心攻坚区：阴山中西段沙化土地综合治理区；
库布齐—毛乌素沙漠沙化地综合防治区；
浑善达克沙地综合治理区。

● **繁殖与栽培**

嫁接繁殖，砧木为国槐；春季植苗造林，多用于城市绿地进行大苗栽植。

47 香花槐

Robinia × ambigua 'Idahoensis'

别名 红花刺槐
科属 豆科刺槐属

● 生物学特征

落叶乔木；株高 10~12m。树干为褐色至灰褐色。叶互生，7~19 片组成羽状复叶、叶椭圆形至卵状长圆形，长 3~6cm，叶片深绿色有光泽，青翠碧绿。总状花序，下垂状；花被红色，有浓郁的芳香气味，可以同时盛开小红花 200~500 朵。无荚果不结种子。侧根发达，当年可达 2m。花期 5 月、7 月或连续开花，花期长。

● 生态学特性

性耐寒，能抗 –28~–25℃低温，耐干旱、耐瘠薄、耐盐碱，对土壤要求不严，酸性土、中性土及轻盐碱土均能生长。生长喜欢温暖、阳光充足及通风良好的环境。

● 三北工程适用区域

核心攻坚区：阴山北麓（河套平原）生态综合治理区；

腾格里—乌兰布和沙漠（贺兰山西麓）防沙治沙区。

● 繁殖与栽培

埋根和枝插法繁殖，枝插法成活率低，以埋根养殖为主；植苗造林。

48 刺槐

Robinia pseudoacacia

蒙名 乌日格苏图—槐子
别名 洋槐
科属 豆科刺槐属

● **生物学特征**

落叶乔木；高 10~25m。树皮灰褐色至黑褐色，浅裂至深纵裂，稀光滑。小枝灰褐色，幼时有棱脊，具托叶刺，长达 2cm。羽状复叶长 10~25cm，小叶 2~12 对，常对生，椭圆形、长椭圆形或卵形，长 2~5cm，宽 1.5~2.2cm，先端圆，微凹。总状花序，腋生，长 10~20cm，下垂，花多数，花冠白色，旗瓣近圆形，长 16mm，宽约 19mm。荚果褐色或具红褐色斑纹，线状长圆形，长 5~12cm，宽 1~1.3cm，扁平，先端上弯，有种子 2~15 粒；种子褐色至黑褐色，近肾形，长 5~6mm，宽约 3mm。花期 4~6 月，果期 8~9 月。

● **生态学特性**

根系浅而发达，易风倒，适应性强，为优良固沙保土树种。生长快，萌芽力强，是速生薪炭林树种，也是优良的蜜源植物。

● **三北工程适用区域**

核心攻坚区：内蒙古科尔沁沙地综合治理区；
浑善达克沙地综合治理区。

● **繁殖与栽培**

根段催芽育苗法繁殖、播种繁殖；植苗造林。

49 黄檗

Phellodendron amurense

蒙名 好布鲁
别名 黄菠萝树、黄柏
科属 芸香科黄檗属

● **生物学特征**

树高10~20m。树皮有厚木栓层，浅灰或灰褐色，内皮薄，鲜黄色，味苦，黏质。枝扩展，小枝暗紫红色，无毛。小叶5~13片，薄纸质或纸质，卵状披针形或卵形，长6~12cm，宽2.5~4.5cm，顶部长渐尖，基部阔楔形，一侧斜尖或圆形，秋季叶色变黄。花序顶生，花瓣紫绿色，长3~4mm。果圆球形，径约1cm，蓝黑色，通常有5~8（10）浅纵沟；种子通常5粒。花期5~6月，果期9~10月。

● **生态学特性**

适应性强，喜阳光，耐严寒。多生于山地杂木林中或山区河谷沿岸。宜于平原或低丘陵坡地、路旁、住宅旁及溪河附近水土较好的地方种植。

● **三北工程适用区域**

协同推进区：内蒙古东部草原沙地综合治理区；

大兴安岭嫩江上游水源地保护治理区；

额尔古纳河流域生态保护恢复综合治理区。

● **主要林木良种**

扎赉特旗小城子林场黄檗优良种源区种子。

● **繁殖与栽培**

种子繁育发芽率较低，扦插繁殖，不易生根，成活率低，繁殖系数低，可采用组织培养快速繁殖；植苗造林。

臭椿

Ailanthus altissima

蒙名	鸟没黑—尼楚根—好布鲁
别名	樗
科属	苦木科臭椿属

● **生物学特征**

落叶乔木；高可达 20m。树皮平滑而有直纹，嫩枝有髓，幼时被黄色或黄褐色柔毛。叶奇数羽状复叶，长 40~60cm，有小叶 13~27 片，小叶对生或近对生，纸质，卵状披针形，长 7~13cm，宽 2.5~4cm，先端长渐尖，基部偏斜，揉碎后具臭味。圆锥花序长 10~30cm；花淡绿色，花瓣 5，长 2~2.5mm。翅果长椭圆形，长 3~4.5m，宽 1~1.2cm。种子位于翅的中间，扁圆形。花期 4~5 月，果期 8~10 月。

● **生态学特性**

喜深厚土壤，生长快，能抗旱、抗碱、抗烟尘和抗病虫害。

● **三北工程适用区域**

核心攻坚区： 内蒙古科尔沁沙地综合治理区；浑善达克沙地综合治理区。

● **繁殖与栽培**

种子或根蘖苗分株繁殖。

51 元宝槭

Acer truncatum

蒙名 哈图—查干
别名 华北五角枫
科属 无患子科槭属

● **生物学特征**

落叶乔木；高 8~10m。树皮灰褐色或深褐色，深纵裂。小枝无毛，当年生枝绿色，多年生枝灰褐色，具圆形皮孔。叶纸质，长 5~10cm，宽 8~12cm，常 5 裂，稀 7 裂，边缘全缘。花黄绿色，杂性，雄花与两性花同株，常成无毛的伞房花序，长 5cm，直径 8cm；花瓣 5，淡黄色或淡白色，长圆倒卵形，长 5~7mm。翅果成熟时淡黄色或淡褐色，成下垂的伞房果序；小坚果压扁状，长 1.3~1.8cm，宽 1~1.2cm，翅长圆形，两侧平行，宽 8mm。花期 4 月，果期 8 月。

● **生态学特性**

生于海拔 400~1000m 的疏林中。在北京附近已多栽培，是一种很好的庭园树和行道树，可在华北各地大量推广繁殖作为行道树。

● **三北工程适用区域**

核心攻坚区：阴山北麓（河套平原）生态综合治理区；

库布齐—毛乌素沙漠沙化地综合防治区；

内蒙古科尔沁沙地综合治理区。

● **繁殖与栽培**

播种、扦插、嫁接、组织培养繁殖；植苗造林。

52 五角槭

Acer pictum subsp. *mono*

蒙名 奥存—巴图查干
别名 五角枫
科属 无患子科槭属

● **生物学特征**

落叶乔木；高达 15~20m。树皮灰色粗糙，常纵裂。小枝细瘦，绿色或紫绿色，多年生枝灰色或淡灰色，具圆形皮孔。叶纸质，基部截形或近于心脏形，长 6~8cm，宽 9~11cm，常 5 裂，裂片卵形，先端锐尖或尾状锐尖。花多数，杂性，雄花与两性花同株，常成无毛的顶生圆锥状伞房花序，长与宽均 4cm；花叶同放，花瓣 5，淡白色，椭圆形或椭圆倒卵形，长约 3mm。翅果成熟时淡黄色，小坚果压扁状，长 1~1.3cm，宽 5~8mm；翅长圆形，宽 5~10mm，连同小坚果长 2~2.5cm，张开成锐角或近于钝角。花期 5 月，果期 9 月。

● **生态学特性**

耐阴，生于落叶阔叶林带和森林草原带的林下、林缘、杂木林中、河谷、岸旁。一般分布在海拔 800~1500m 的山坡或山谷疏林中。

● **三北工程适用区域**

核心攻坚区：内蒙古科尔沁沙地综合治理区；浑善达克沙地综合治理区。

● **繁殖与栽培**

播种、组织培养繁殖；植苗造林。

53 梣叶槭

Acer negundo

蒙名 阿格其
别名 复叶槭、糖槭
科属 无患子科槭属

● **生物学特征**

落叶乔木；高达 20m。树皮黄褐色或灰褐色。小枝圆柱形绿色，多年生枝黄褐色。羽状复叶，长 10~25cm，有 3~7 枚小叶；小叶纸质，卵形或椭圆状披针形，长 8~10cm，宽 2~4cm，先端渐尖。雄花的花序聚伞状，雌花的花序总状，均由无叶的小枝旁边生出，花小，黄绿色，下垂，先花后叶，雌雄异株，无花瓣及花盘。小坚果突起，近于长圆形或长圆卵形，翅宽 8~10mm，稍向内弯，连同小坚果长 3~3.5cm，张开成锐角或近于直角。花期 4~5 月，果期 9 月。

● **生态学特性**

生长于山谷及溪边林中、常绿阔叶林中、山谷疏林中、石灰岩丘陵林中、疏林中、溪边、溪边林中。

● **三北工程适用区域**

核心攻坚区：阴山北麓（河套平原）生态综合治理区；
腾格里—乌兰布和沙漠（贺兰山西麓）防沙治沙区；
库布齐—毛乌素沙漠沙化地综合防治区；
内蒙古科尔沁沙地综合治理区；
浑善达克沙地综合治理区；
巴丹吉林沙漠边缘（内蒙古西部荒漠）防沙治沙区。
协同推进区：内蒙古东部草原沙地综合治理区；
大兴安岭嫩江上游水源地保护治理区；
额尔古纳河流域生态保护恢复综合治理区；
岭南林草过渡带生态综合治理区。

● **繁殖与栽培**

播种繁殖；多在春季直播造林。

54 无刺枣

Ziziphus jujuba var. *inermis*

蒙名 查巴嘎
别名 枣子、红枣、大枣、大甜枣
科属 鼠李科枣属

● **生物学特征**

落叶小乔木；高达 10m。树皮褐色或灰褐色。有长枝，短枝和无芽小枝（即新枝）比长枝光滑。叶纸质、卵形、卵状椭圆形或卵状矩圆形；长 3~7cm，宽 1.5~4cm。花黄绿色，两性，单生或 2~8 个密集呈腋生聚伞花序。核果矩圆形或长卵圆形，长 2~3.5cm，直径 1.5~2cm，成熟时红色，后变红紫色，中果皮肉质厚，味甜；核顶端锐尖，2 室，具 1 或 2 种子；种子扁椭圆形，长约 1cm，宽 8mm。花期 5~7 月，果期 8~9 月。本种与酸枣区别是本种枝上无刺，核果较大，核顶端尖。

● **生态学特性**

耐干旱、耐涝性较强，但花期要求较高的空气相对湿度，不然不好授粉挂果，喜光性强，对光反应比较敏感，对土壤层适应能力强，耐贫乏、耐盐碱。生于海拔 1700m 下的山区地带、丘陵地形或平原区。

● **三北工程适用区域**

核心攻坚区：库布齐—毛乌素沙漠沙化地综合防治区；
内蒙古科尔沁沙地综合治理区；
浑善达克沙地综合治理区。

● **主要林木良种**

（1）'蒙枣 1 号'。
（2）'蒙枣 2 号'。
（3）'蒙枣 3 号'。

● **繁殖与栽培**

分株和嫁接繁殖为主，也可播种、组织培养繁殖；植苗造林。

55 沙枣

Elaeagnus angustifolia

蒙名 吉格德
别名 桂香柳、金铃花、银柳
科属 胡颓子科胡颓子属

● **生物学特征**

落叶乔木或小乔木；高 5~10m。无刺或具刺，刺长 30~40mm，棕红色，发亮；幼枝密被银白色鳞片，老枝红棕色，光亮。叶薄纸质，矩圆状披针形至线状披针形，长 3~7cm，宽 1~1.3cm，顶端钝尖或钝形，下面灰白色，密被白色鳞片，有光泽。花银白色，直立或近直立，密被银白色鳞片，芳香，常 1~3 花簇生新枝基部。果实椭圆形，长 9~12mm，直径 6~10mm，粉红色，密被银白色鳞片；果肉乳白色，粉质。花期 5~6 月，果期 9 月。

● **生态学特性**

耐盐碱、耐干旱、耐水湿。生于荒漠区的河岸，常与胡杨组成荒漠河岸林。适应力强，山地、平原、沙滩、荒漠均能生长，对土壤、气温、湿度要求不严格。

● **三北工程适用区域**

核心攻坚区：阴山北麓（河套平原）生态综合治理区；

腾格里—乌兰布和沙漠（贺兰山西麓）防沙治沙区；

库布齐—毛乌素沙漠沙化地综合防治区；

巴丹吉林沙漠边缘（内蒙古西部荒漠）防沙治沙区。

● **繁殖与栽培**

播种和扦插育苗繁殖；植苗或插干造林。

白蜡树

Fraxinus chinensis

蒙名 查干—摸和特
别名 白蜡杆、小叶白蜡
科属 木樨科梣属

● **生物学特征**

乔木；高可达 25m。前一年生枝淡灰色或微带黄色，无毛，散生点状皮孔；当年枝幼时具柔毛，后渐光滑。单数羽状复叶，对生；小叶 5~9，卵形、卵状披针形，顶端小叶长 7~10cm，宽 2~4cm，先端渐尖，基部楔形或圆形，无柄或有短柄。圆锥花序出自当年枝叶腋或枝顶；花单性，雌雄异株，无花冠。翅果菱状倒披针形或倒披针形，长 3~4cm，宽 4~6mm。花期 5 月，果熟期 10 月。

● **生态学特性**

耐瘠薄干旱，在轻度盐碱地也能生长。

● **三北工程适用区域**

核心攻坚区：阴山北麓（河套平原）生态综合治理区；

库布齐—毛乌素沙漠沙化地综合防治区；

内蒙古科尔沁沙地综合治理区；

浑善达克沙地综合治理区。

● **繁殖与栽培**

播种、扦插繁殖；以植苗造林为主，也可直播造林，春、秋两季均可栽植。

57 水曲柳

Fraxinus mandshurica

蒙名 乌存—摸和特
别名 东北桉
科属 木樨科梣属

● **生物学特征**

落叶大乔木；高达 30m，胸径达 2m。树皮厚，灰褐色，纵裂。小枝粗壮，黄褐色至灰褐色，四棱形，节膨大，光滑无毛，散生圆形明显凸起的小皮孔。羽状复叶长 25~35cm，小叶着生处具关节，节上簇生黄褐色曲柔毛或秃净；小叶 7~11 枚，纸质，长圆形至卵状长圆形，长 5~20cm，宽 2~5cm，先端渐尖或尾尖。圆锥花序生于前一年生枝上，先叶开放，长 15~20cm，雄花与两性花异株。翅果大而扁，长圆形至倒卵状披针形，长 3~3.5cm，宽 6~9mm，明显扭曲，脉棱凸起。花期 4 月，果期 8~9 月。是国家二级保护野生植物。

● **生态学特性**

喜湿润，但不耐水渍。生于海拔 700~2100m 的山坡疏林中或河谷平缓山地。

● **三北工程适用区域**

核心攻坚区：内蒙古科尔沁沙地综合治理区。

● **繁殖与栽培**

主要是种子繁殖；植苗造林。

58 暴马丁香

Syringa reticulata subsp. *amurensis*

蒙名 哲日力格—高力得—宝日
别名 暴马子
科属 木樨科丁香属

● **生物学特征**

落叶小乔木或大乔木；高 4~10m，可达 15m。树皮紫灰褐色，具细裂纹。具直立或开展枝条，枝灰褐色，无毛，2 年生枝棕褐色，光亮，无毛，具较密皮孔。叶片厚纸质，宽卵形、卵形至椭圆状卵形或为长圆状披针形，长 2.5~13cm，宽 1~6cm，先端短尾尖至尾状渐尖或锐尖。圆锥花序由 1 至多对着生于同一枝条上的侧芽抽生，长 10~20cm，宽 8~20cm，花冠白色，呈辐状，长 4~5mm。果长椭圆形，长 1.5~2cm，先端常钝。花期 6~7 月，果期 8~10 月。

● **生态学特性**

喜阳光充足，但也耐阴、耐寒、耐旱、耐瘠薄。生于海拔 10~1200m 的阔叶林带的山地河岸及河谷灌丛或林边、草地、沟边，或针、阔叶混交林中。

● **三北工程适用区域**

核心攻坚区：库布齐—毛乌素沙漠沙化地综合防治区；
内蒙古科尔沁沙地综合治理区。

● **繁殖与栽培**

多采用种子繁殖，种子经低温 0~4℃湿沙处理，播种出苗率 80%~90%；还可进行扦插繁殖，扦插繁殖以嫩枝扦插为主，在 ABT1、ABT2、吲哚丁酸处理条件下，成活率达 80% 以上。

灌木树种

  内蒙古灌木主要分布在干旱、半干旱区，生态适应性强，在防风固沙、保持水土、涵养水源、维护生物多样性等方面具有独特优势，且能在多种逆境中生长，在三北工程中发挥着重要作用。山杏、羊柴（*Corethrodendron fruticosum*）、柠条锦鸡儿等灌木适应性强、生长快，广泛应用于荒漠化防治和三北工程。特别是被誉为"沙漠中绿色卫士"的沙棘资源，不仅能改善环境，还能助力经济发展，是脱贫致富的关键资源。灌木种质资源的利用，在加快内蒙古生态文明建设步伐的同时，也为内蒙古地方经济发展注入了新的活力。

  此部分介绍了内蒙古三北工程区 50 种经过自然和人工选育的灌木树种，为林木良种选择和种质资源利用提供了重要参考。这些灌木不仅是森林资源，也是维护生态安全的关键，对三北地区生态建设和可持续发展至关重要。

59 叉子圆柏

Juniperus sabina

蒙名 好宁—阿日查
别名 沙地柏、臭柏
科属 柏科刺柏属

● **生物学特征**

匍匐常绿灌木；高不及1m。枝密，斜上伸展，枝皮灰褐色，裂成薄片脱落。叶2型，刺叶常生于幼树上，稀在壮龄树上与鳞叶并存，常交互对生或兼有3叶交叉轮生。雌雄异株，稀同株；雄球花椭圆形或矩圆形。球果生于向下弯曲的小枝顶端，熟前蓝绿色，熟时褐色至紫蓝色或黑色，多少有白粉。花期5月，球果成熟于翌年10月。

● **生态学特性**

喜光，耐寒、耐旱、耐瘠薄。生于海拔1100~2800m的多石山坡上或针叶林或针阔混交林下或固定沙丘上。

● **三北工程适用区域**

核心攻坚区：阴山北麓（河套平原）生态综合治理区；

腾格里—乌兰布和沙漠（贺兰山西麓）防沙治沙区；

库布齐—毛乌素沙漠沙化地综合防治区；

浑善达克沙地综合治理区；

巴丹吉林沙漠边缘（内蒙古西部荒漠）防沙治沙区。

● **主要林木良种**

乌拉特中旗叉子圆柏优良种源穗条。

● **繁殖与栽培**

人工繁殖种子虽能发芽成苗，但发芽率较低，多以扦插、压条分株繁殖为主，硬枝适于早春进行扦插。硬枝扦插时，插穗应选取具有根原基凸起的枝条。

黄柳

Salix gordejevii

蒙名 协日—巴日嘎苏
别名 小黄柳
科属 杨柳科柳属

● **生物学特征**

落叶灌木。树皮灰白色，不开裂。小枝黄色，无毛，有光泽。冬芽无毛，长圆形，红黄色。叶线形或线状披针形，托叶披针形，常早落。花先叶开放，花序椭圆形至短圆柱形，腺体1；雄蕊2，花丝离生；子房长卵形，被极疏柔毛，花柱短，柱头4深裂。蒴果无毛，淡褐黄色。花期4月，果期5月。

● **生态学特性**

喜光，耐旱、耐瘠薄，不耐盐碱，深根性树种，萌蘖能力强，抗逆性强，喜水湿，是极佳的固沙树种。生于森林草原带及干草原带的固定半固定沙地，为沙地柳灌丛的建群种和优势种。

● **三北工程适用区域**

核心攻坚区：内蒙古科尔沁沙地综合治理区；
浑善达克沙地综合治理区。
协同推进区：内蒙古东部草原沙地综合治理区；
大兴安岭嫩江上游水源地保护治理区；
额尔古纳河流域生态保护恢复综合治理区；
岭南林草过渡带生态综合治理区。

● **主要林木良种**

正蓝旗黄柳采条基地穗条。

● **繁殖与栽培**

直接进行插条或埋条造林，一般不进行育苗。

61 杞柳

Salix integra

蒙名 查干—巴日嘎苏
别名 白萁柳
科属 杨柳科柳属

● **生物学特征**

　　落叶灌木。树皮灰绿色。小枝淡黄色或淡红色，无毛，有光泽。叶近对生或互生，萌枝叶有时 3 叶轮生，椭圆状长圆形，幼叶发红褐色，成叶上面暗绿色，两面无毛；叶柄短或近无柄而抱茎。花先叶开放，花序基部有小叶，腺体 1，腹生；雄蕊 2，花丝合生；花柱短，柱头小，2~4 裂。蒴果长 2~3mm，有毛。花期 5 月，果期 6 月。

● **生态学特性**

　　喜光，耐旱、耐瘠薄，不耐盐碱，深根性树种，萌蘖能力强，抗逆性强，喜水湿。生于山地河边、湿草地。

● **三北工程适用区域**

　　核心攻坚区：内蒙古科尔沁沙地综合治理区。
　　协同推进区：内蒙古东部草原沙地综合治理区。

● **繁殖与栽培**

　　插条繁殖，春季或雨季栽植均选用 1 年生、茎粗 1cm 左右的插条为宜；扦插或埋条造林。

62 乌柳

Salix cheilophila

蒙名 巴日嘎苏
别名 沙柳
科属 杨柳科柳属

● **生物学特征**

落叶灌木或小乔木。枝初被茸毛或柔毛，后无毛，灰黑色或黑红色。芽具长柔毛。叶线形或线状倒披针形，上面绿色疏被柔毛，下面灰白色，密被绢状柔毛，边缘外卷。花序与叶同时开放，近无梗，基部具2~3片小叶；雄蕊2，完全合生，腺体1，腹生；雌花花序轴具柔毛。蒴果长3mm。花期4~5月，果期5月。

● **生态学特性**

萌蘖能力强，抗逆性强，较耐旱、耐瘠薄，喜水湿。生于草原区的河流、沟溪两岸，沙丘间低湿地，为沙地或河岸柳灌丛的建群种或优势种。

● **三北工程适用区域**

核心攻坚区：库布齐—毛乌素沙漠沙化地综合防治区；
浑善达克沙地综合治理区。

● **繁殖与栽培**

扦插、容器育苗繁殖；沙地插干造林，极度干旱沙地装瓶埋条造林。

63 北沙柳

Salix psammophila

蒙名 额乐存—巴日嘎苏
别名 沙柳、西北沙柳
科属 杨柳科柳属

● **生物学特征**

落叶灌木。当年枝初被短柔毛，后几无毛，前一年生枝淡黄色，常在芽附近有一块短茸毛。叶线形，托叶线形，常早落。花先叶或几与叶同时开放，花序长 1~2cm，具短花序梗和小叶片，轴有茸毛；腺体 1；雄蕊 2，花丝合生，基部有毛，花药 4 室，黄色；子房卵圆形，无柄，被茸毛，花柱明显，柱头 2 裂，具开展的裂片。花期 3~4 月，果期 5 月。

● **生态学特性**

抗逆性能很强，抗旱性很强，耐水湿，为喜光树种。生于草原区的流动半固定沙丘及沙丘建地，为沙地柳灌丛的建群种。

● **繁殖与栽培**

直接进行插条或埋条造林，一般不进行育苗。

64 小红柳

Salix microstachya var. *bordensis*

蒙名 宝日—巴日嘎苏
科属 杨柳科柳属

● **生物学特征**

落叶灌木。小枝红褐色，无毛或稍有短柔毛。芽卵形，钝头，有丝状毛。叶线形或线状倒披针形或镰刀状披针形。花先叶开放或近同时开放，花序圆柱形，近无花序梗，基部 1~2 鳞片状小叶；雄蕊 2，花丝和花药合生，花药红色，腺体 1，腹生，形小；子房卵状圆锥形，花柱短而明显，柱头红褐色，2 浅裂；苞片同雄花；腺体 1，腹生。花期 5 月，果期 6~7 月。

● **生态学特性**

喜光，耐湿、耐寒，抗沙埋。生于固定沙丘间湿地或河、湖边低湿地。

● **三北工程适用区域**

核心攻坚区：浑善达克沙地综合治理区。
协同推进区：内蒙古东部草原沙地综合治理区；额尔古纳河流域生态保护恢复综合治理区。

● **繁殖与栽培**

种子繁殖或扦插繁殖；植苗或扦插造林。

65 榛

Corylus heterophylla

蒙名 西得
别名 榛子、平榛
科属 桦木科榛属

● **生物学特征**

落叶灌木或小乔木。树皮灰色。枝条暗灰色，无毛，小枝黄褐色，密被短柔毛兼被疏生的长柔毛。叶的轮廓为矩圆形或宽倒卵形，顶端凹缺或截形，中央具三角状突尖，基部心形。雄花序单生，长约 4cm。果单生或 2~6 枚簇生成头状；果苞钟状，外面具细条棱，密被短柔毛兼有疏生的长柔毛，密生刺状腺体，很少无腺体；坚果近球形。花期 4~5 月，果期 9 月。

● **生态学特性**

生于夏绿阔叶林带的向阳山地、多石的沟谷两岸、林缘或采伐迹地。萌发力强，常形成灌丛。

● **三北工程适用区域**

核心攻坚区：内蒙古科尔沁沙地综合治理区；

浑善达克沙地综合治理区。

协同推进区：内蒙古东部草原沙地综合治理区；

大兴安岭嫩江上游水源地保护治理区；

额尔古纳河流域生态保护恢复综合治理区；

岭南林草过渡带生态综合治理区。

● **繁殖与栽培**

播种，分株、根蘖育苗和压条育苗；植苗造林。

66 阿拉善沙拐枣

Calligonum alashanicum

蒙名 阿拉善—淘日乐格
科属 蓼科沙拐枣属

● **生物学特征**

半灌木；高 1~3m。老枝暗灰色，当年枝黄褐色，嫩枝绿色，节间长 1~3.5cm。叶长 2~4mm。花淡红色，通常 2~3 朵簇生于叶腋。瘦果宽卵形或球形，向右或向左扭曲，具明显的棱和沟槽，每棱肋具刺毛 2~3 排，刺毛长于瘦果的宽度，呈叉状二至三回分枝，顶叉交织，基部微扁，分离或微结合，不易断落。花果期 6~8 月。

● **生态学特性**

喜光，耐旱、耐寒、耐风蚀、耐瘠薄。沙生强旱生，生长于典型荒漠带流动、半流动沙丘和覆沙戈壁上。多散生在沙质荒漠群落中，为伴生种。

● **三北工程适用区域**

核心攻坚区：腾格里—乌兰布和沙漠（贺兰山西麓）防沙治沙区；
巴丹吉林沙漠边缘（内蒙古西部荒漠）防沙治沙区。

● **繁殖与栽培**

根蘖和种子繁殖；植苗或直播造林。

67 沙拐枣

Calligonum mongolicum

蒙名 淘存—淘日乐格
别名 甘肃沙拐枣、戈壁沙拐枣、蒙古沙拐枣
科属 蓼科沙拐枣属

● 生物学特征

半灌木；高 30~150cm。老枝灰白色，当年枝绿色，节间长 1~3cm，具纵沟纹。叶细鳞片状。花淡红色，通常 2~3 朵簇生于叶腋；花被片卵形或近圆形，果期开展或反折。瘦果椭圆形，直或稍扭曲，长 8~12mm；刺毛较细，易断落，每棱肋 3 排，二回分叉，刺毛互相交织，长等于或短于瘦果的宽度。花期 5~7 月，果期 8 月。

● 生态学特性

喜光，耐旱、耐寒、耐风蚀、耐瘠薄。生于流动沙丘、半固定沙丘、固定沙丘、沙地、沙砾质荒漠和砾质荒漠的粗沙积聚处。

● 三北工程适用区域

核心攻坚区：阴山北麓（河套平原）生态综合治理区；

腾格里—乌兰布和沙漠（贺兰山西麓）防沙治沙区；

库布齐—毛乌素沙漠沙化地综合防治区；

巴丹吉林沙漠边缘（内蒙古西部荒漠）防沙治沙区。

● 主要林木良种

沙日布拉格沙拐枣母树林种子。

● 繁殖与栽培

根蘖和种子繁殖；植苗或直播造林。

68 梭梭

Haloxylon ammodendron

蒙名 札格
别名 琐琐、梭梭柴
科属 苋科梭梭属

● **生物学特征**

矮小的半乔木，有时呈灌木状。树皮灰黄色。2年生枝灰褐色，有环状裂缝；当年生枝细长，蓝色，节间长4~8mm。叶退化呈鳞片状，宽三角形，先端钝，腋间有绵毛。花单生于叶腋；小苞片宽卵形，边缘膜质；果期背部横生膜质翅，翅半圆形，有黑褐色纵脉纹。胞果半圆球形，顶部稍凹，果皮黄褐色，肉质。花期7月，果期9月。

● **生态学特性**

耐旱、耐热、耐寒、耐盐碱、耐瘠薄。强旱生盐生植物，生于荒漠区的湖盆低地外缘固定、半固定沙丘砂砾质—碎石沙地，砾石戈壁以及干河床。

● **三北工程适用区域**

核心攻坚区：阴山北麓（河套平原）生态综合治理区；

腾格里乌兰布和沙漠（贺兰山西麓）防沙治沙区；

库布齐—毛乌素沙漠沙化地综合防治区；
巴丹吉林沙漠边缘防沙治沙区。

● **主要林木良种**

（1）乌拉特后旗梭梭采种基地种子。
（2）吉兰泰梭梭优良种源区种子。
（3）塔木素梭梭优良种源区种子。
（4）古日乃梭梭优良种源区种子。
（5）雅布赖治沙站梭梭母树林种子。

● **繁殖与栽培**

采用人工直播育苗，播种多用0.1%~0.3%的高锰酸钾，浸种20~30分钟后捞出晾干拌沙播种；直播造林或植苗造林均可。

69 驼绒藜

Krascheninnikovia ceratoides

蒙名 特斯格
别名 优若藜
科属 苋科驼绒藜属

● **生物学特征**

落叶半灌木；高 0.3~1m。分枝多集中于下部。叶较小，条形、条状披针形、披针形或矩圆形，长 1~2cm，宽 2~5mm，全缘，1 脉，有时近基部有 2 条不显著的侧脉，两面均有星状毛。雄花序较短而紧密，长达 4cm；雌花管椭圆形，长 3~4mm，密被星状毛；果期管外具 4 束长毛，其长约与管长相等。胞果椭圆形或倒卵形，被毛。果期 6~9 月。

● **生态学特性**

耐旱、耐寒、耐瘠薄。生于草原区西部和荒漠区沙质、砂砾质土壤，为小针茅草原的伴生种。

● **三北工程适用区域**

核心攻坚区：阴山北麓（河套平原）生态综合治理区；

腾格里—乌兰布和沙漠（贺兰山西麓）防沙治沙区；

库布齐—毛乌素沙漠沙化地综合防治区；

浑善达克沙地综合治理区；

巴丹吉林沙漠边缘（内蒙古西部荒漠）防沙治沙区。

● **繁殖与栽培**

种子繁殖；植苗或直播造林，多为直播造林。

70 华北驼绒藜

Krascheninnikovia arborescens

蒙名 冒日音—特斯格
别名 驼绒蒿
科属 苋科驼绒藜属

● **生物学特征**

落叶半灌木；高 1~2m。分枝多集中于上部，较长。叶较大，具柄短，叶片披针形或矩圆状披针形，长 2~5（7）cm，宽 0.7~1（1.5）cm，全缘，通常具明显的羽状叶脉，两面均有星状毛。雄花序细长而柔软；果期管外两侧的中上部具 4 束长毛，下部则有短毛。胞果椭圆形或倒卵形，被毛。花果期 7~9 月。

● **生态学特性**

旱生，散生于草原区和森林草原区的干燥山坡、固定沙地、旱谷和干河床内，为山地草原和沙地植被的伴生成分和亚优势成分。

● **三北工程适用区域**

核心攻坚区：阴山北麓（河套平原）生态综合治理区；

浑善达克沙地综合治理区。

● **主要林木良种**

四子王旗华北驼绒藜采种基地种子。

● **繁殖与栽培**

种子和插条繁殖；直播或植苗造林。

71 木地肤

Bassia prostrata

蒙名 道格特日嘎纳
科属 苋科沙冰藜属

● **生物学特征**

小半灌木；高 10~60cm。叶于短枝上呈簇生状，叶片条形或狭条形，长 0.5~2cm，宽 0.5~1.5mm，先端锐尖或渐尖，两面被疏或密的柔毛。花单生或 2~3 朵集生于叶腋，或于枝端构成复穗状花序，花无梗，不具苞，花被壶形或球形，密被柔毛；花被片 5，密生柔毛，果时变革质，自背部横生 5 个干膜质薄翅，翅菱形或宽倒卵形，顶端边缘有不规则钝齿，基部渐狭，具多数暗褐色扇状脉纹，水平开展；雄蕊 5，花丝条形，花药卵形；花柱短，柱头 2，有羽毛状突起。胞果扁球形，果皮近膜质，紫褐色；种子横生，卵形或近圆形，黑褐色，直径 1.5~2mm。花果期 6~9 月。

● **生态学特性**

多生于草原区和荒漠区东部的栗钙土和棕钙土上，为草原和荒漠草原群落的伴生种，在小针茅—葱类草原中可成为亚优势种，亦可进入部分草原化荒漠群落。

● **三北工程适用区域**

核心攻坚区：阴山中西段沙化土地综合治理区。

● **繁殖与栽培**

可用种子繁殖；春、秋季植苗造林。

珍珠梅

Sorbaria sorbifolia

蒙名 苏布得力格—其荣格
别名 东北珍珠梅
科属 蔷薇科珍珠梅属

● **生物学特征**

落叶灌木；高达 2m。枝条开展，嫩枝绿色，老枝红褐色或黄褐色。芽宽卵形，具数枚鳞片，紫褐色。单数羽状复叶，有小叶 9~17 片；小叶无柄，边缘有重锯齿，两面均无毛。大型圆锥花序，顶生，花梗被短柔毛，花瓣宽卵形或近圆形，白色。蓇葖果矩圆形，密被白柔毛，花柱宿存、反折或直立。花期 7~8 月，果期 8~9 月。

● **生态学特性**

喜光，耐阴、耐寒、耐湿、耐旱。生于森林带和森林草原带的山地林缘，有时也可形成群落片段，也少量见于林下、路边、沟边及林缘草甸。

● **三北工程适用区域**

核心攻坚区：阴山北麓（河套平原）生态综合治理区；
库布齐—毛乌素沙漠沙化地综合防治区；
浑善达克沙地综合治理区。
协同推进区：内蒙古东部草原沙地综合治理区；
大兴安岭嫩江上游水源地保护治理区；
额尔古纳河流域生态保护恢复综合治理区；
岭南林草过渡带生态综合治理区。

● **繁殖与栽培**

可用种子、分株及扦插繁殖；春季植苗造林。

73 黄刺玫

Rosa xanthina

蒙名 格日音—希日—扎木尔
科属 蔷薇科蔷薇属

● **生物学特征**

　　落叶灌木。树皮深褐色。小枝紫褐色，分枝稠密，有多数皮刺；皮刺直伸，坚硬，基部扩大，无毛。奇数羽状复叶，有小叶 7~13 片，小叶片近圆形、椭圆形或倒卵形。花单生，黄色，直径 3~5cm，花后反折，花瓣多数；宽倒卵形，先端微凹。蔷薇果红黄色，近球形，直径约 1cm，先端有宿存反折的萼片。花期 5~6 月，果期 7~8 月。

● **生态学特性**

　　生于落叶、阔叶林区和草原带的山地，是山地灌丛的建群种，也可产生于石质山坡。

● **三北工程适用区域**

　　核心攻坚区：阴山北麓（河套平原）生态综合治理区；
　　腾格里—乌兰布和沙漠（贺兰山西麓）防沙治沙区；
　　库布齐—毛乌素沙漠沙化地综合防治区；
　　浑善达克沙地综合治理区；
　　巴丹吉林沙漠边缘（内蒙古西部荒漠）防沙治沙区。

● **繁殖与栽培**

　　主要是扦插繁殖、播种繁殖；人工植苗造林。

74 蒙古扁桃

Prunus mongolica

蒙名 乌兰—布衣乐斯
别名 山樱桃
科属 蔷薇科李属

● **生物学特征**

灌木；高 100~150cm。树皮暗红紫色或灰褐色。多分枝，枝条呈近直角方向开展，小枝顶端成长枝刺，嫩枝带红色。单叶，小型，多簇生于短枝上或互生于长枝上，叶片近革质，倒卵形、椭圆形或近圆形，长 5~1.5mm，宽 4~9mm。花单生短枝上，花瓣淡红色。果核扁宽卵形，长 8~12mm，有浅沟；种子（核仁）扁宽卵形，长 5~8mm，淡褐棕色。花期 5 月，果期 8 月。

● **生态学特性**

喜光、耐旱。旱生，生于海拔 1000~2400m 的荒漠区和荒漠草原区的低山丘陵坡麓、石质坡地及干河床。蒙古国也有分布。

● **三北工程适用区域**

核心攻坚区：阴山中西段沙化土地综合治理区；

库布齐—毛乌素沙漠沙化地综合防治区；

浑善达克沙地综合治理区；

腾格里—巴丹吉林沙漠锁边治理区。

● **繁殖与栽培**

播种育苗、营养杯育苗、扦插育苗和嫁接繁殖，多采用种子繁殖；可植苗或直播造林。

75 长梗扁桃

Prunus pedunculata

蒙名 布衣乐斯
别名 长柄扁桃
科属 蔷薇科李属

● **生物学特征**

灌木；高 100~150cm。单叶互生或簇生于短枝上，叶片倒卵形、椭圆形、近圆形或倒披针形，长 1~3cm，宽 0.7~2cm，先端锐尖或圆钝，基部宽楔形。花单生于短枝上，直径 1~1.5cm，花瓣粉红色，圆形，长约 8mm。核果近球形，稍扁，直径 10~13mm，成熟时暗紫红色，顶端有小尖头；核宽卵形，稍扁，直径 7~10mm；核仁（种子）近宽卵形，稍扁，棕黄色，直径 4~6mm。花期 5 月，果期 7~8 月。

● **生态学特性**

喜光，抗寒，不耐阴。常零星地散生于草原、荒漠草原及黄土丘陵的石质阳坡、山沟或灌丛中，也进入沙地，有时也可形成面积不大的单优柄扁桃灌丛。

● **三北工程适用区域**

核心攻坚区：阴山中西段沙化土地综合治理区；

库布齐—毛乌素沙漠沙化地综合防治区；

浑善达克沙地综合治理区。

● **主要林木良种**

'蒙扁 4 号'长梗扁桃。

● **繁殖与栽培**

播种育苗、营养杯育苗，多采用种子繁殖；可植苗或直播造林。

76 杏

Prunus armeniaca

蒙名 归勒斯
别名 家杏、杏
科属 蔷薇科李属

● **生物学特征**

乔木；高可达 10m。树皮黑褐色，不规则纵裂。小枝红褐色，有光泽，无毛。单叶互生，有细钝锯齿，上面无毛，下面沿脉与脉腋有短柔毛或无毛；托叶条状披针形，长 5~8mm，边缘有腺锯齿，早落。花单生，先叶开放，直径 2.5~3cm；萼筒钟状，花瓣白色或淡红色，宽倒卵形至椭圆形，长 12~16mm。核果近球形，直径 3~4cm，黄白色至黄红色，常带红晕，有沟，被短柔毛或近无毛，果肉多汁；果核扁球形，直径 1.5~2cm，表面平滑，边缘增厚而有锐棱，沿腹缝有纵沟；种子（杏仁）扁球形，顶端尖。花期 5 月，果期 7 月。

● **生态学特性**

自然分布于低山、丘陵、平原。喜光，耐寒、耐瘠薄、不耐盐。原产新疆天山东部和西部，生于海拔 600~1200m 地带，在伊犁地区成纯林或与新疆野苹果混生，为天山种。

● **三北工程适用区域**

核心攻坚区：阴山中西段沙化土地综合治理区；

库布齐—毛乌素沙漠沙化地综合防治区；

科尔沁沙地综合治理区；

浑善达克沙地综合治理区。

● **繁殖与栽培**

播种育苗、营养杯育苗，可以嫁接。以种子繁育为主，播种时种子需湿沙层积催芽；也可由实生苗作砧木进行嫁接繁育。植苗造林。

77 山杏

Prunus sibirica

蒙名 西伯日—归勒斯
别名 西伯利亚杏
科属 蔷薇科李属

● **生物学特征**

小乔木或灌木；高 1~2m。小枝灰褐色或淡红褐色，无毛或被疏柔毛。单叶互生，叶片宽卵形或近圆形，长 3~7cm，宽 3~5cm，先端尾尖，尾部长达 2.5cm，基部圆形或近心形近无梗，直径 1.5~2cm。核果近球形，直径约 2.5cm，两侧稍扁，黄色而带红晕，被短柔毛，果梗极短；果肉较薄而干燥，离核，成熟时开裂；核扁球形，直径约 2cm，表面平滑，腹棱增厚有纵沟，沟的边缘形成 2 条平行的锐棱，背棱翅状突出，边缘极锐利，如刀刃状。花期 5 月，果期 7~8 月。

● **生态学特性**

多见于森林草原地带及其邻近的落叶阔叶林地带边缘，在陡峻的石质向阳山坡常成为建群植物，形成山地灌丛；在大兴安岭南部森林草原地带，为灌丛化草原的优势种和景观植物；也散见于草原地带的沙地。

● **三北工程适用区域**

核心攻坚区：阴山中西段沙化土地综合治理区；
库布齐—毛乌素沙漠沙化地综合防治区；
科尔沁沙地综合治理区；
浑善达克沙地综合治理区。

● **主要林木良种**

（1）'蒙杏 1 号' 西伯利亚杏。
（2）'蒙杏 2 号' 西伯利亚杏。
（3）'蒙杏 3 号' 西伯利亚杏。
（4）'蒙杏 4 号' 西伯利亚杏。
（5）'蒙杏 5 号' 西伯利亚杏。
（6）'中仁 4 号' 西伯利亚杏。
（7）'中仁 14 号' 西伯利亚杏（2022 年度认定）。

（8）'中仁 15 号'西伯利亚杏（2022 年度认定）。

● **繁殖与栽培**

播种育苗、营养杯育苗，主要是种子繁殖；春秋两季直播造林或植苗造林。

李

Prunus salicina

蒙名 乌兰—归勒斯
别名 李子、中国李
科属 蔷薇科李属

● **生物学特征**

乔木；高达 10m。树皮灰黑色，纵裂。小枝幼嫩时带灰绿色，后变红褐色，有光泽，无毛。单叶互生，椭圆状倒卵形、矩圆状倒卵形或倒披针形，长 5~8cm，宽 2~3cm，先端渐尖；托叶条形，边缘有腺体，早落。花通常 3 朵簇生，直径 10~15mm，先叶开放；花瓣白色，倒卵形或椭圆形。核果近球形，直径 2~4cm，有 1 纵沟，黄色、血红色或绿色，有光泽，被蜡粉。花期 5 月，果期 7~8 月。

● **生态学特性**

生于海拔 400~2600m 的山坡灌丛中、山谷疏林中或水边、沟底、路旁等处。我国各省及世界各地均有栽培，为重要温带果树之一。

● **三北工程适用区域**

核心攻坚区：阴山中西段沙化土地综合治理区；

库布齐—毛乌素沙漠沙化地综合防治区；

科尔沁沙地综合治理区；

浑善达克沙地综合治理区。

● **繁殖与栽培**

播种育苗、营养杯育苗、扦插育苗、嫁接育苗和分株繁殖；扦插、嫁接、分株繁殖，直播或植苗造林。

79 榆叶梅
Prunus triloba

蒙名 额勒伯特—其其格
科属 蔷薇科李属

● **生物学特征**

灌木；高 2~5m。枝紫褐色或褐色。叶片宽椭圆形或倒卵形，长 3~6cm，宽 1.5~3cm，先端渐尖，常 3 裂，基部宽楔形。花 1~2 朵，腋生，直径 2~3cm。花瓣粉红色，宽倒卵形或近圆形。核果近球形，直径 1~1.5cm，红色，具沟，有毛。花期 5 月，先于叶开放，果期 6~7 月。

● **生态学特性**

生于阔叶林带的山地灌丛或林缘坡地，也见于固定沙丘。

● **三北工程适用区域**

核心攻坚区：库布齐—毛乌素沙漠沙化地综合防治区；
浑善达克沙地综合治理区。

● **繁殖与栽培**

播种育苗、营养杯育苗、嫁接育苗。多采用种子繁殖，种子经沙藏处理，春播或秋播均可，或扦插育苗。春季可裸根栽植，庭院绿化多丛栽，以增加观赏性。

欧李

Prunus humilis

蒙名 乌拉嘎纳
科属 蔷薇科李属

● **生物学特征**

小灌木；高 20~40cm。树皮灰褐色。小枝被短柔毛。叶片矩圆状披针形至条状椭圆形，长 3~6cm，宽 1~2cm，先端锐尖。花单生或 2 朵簇生，直径约 15mm，与叶同时开放，花瓣白色或粉红色。核果近球形，直径 10~15mm（小果型）或 15~22mm（大果型），鲜红色，味酸；果核近卵形，长约 10mm，直径约 8m，顶端有尖头，表面平滑，有 1~3 条沟纹。花期 5 月，果期 7~8 月。

● **生态学特性**

生于海拔 100~1800m 的阳坡沙地、山地灌丛中，或庭园栽培。

● **三北工程适用区域**

核心攻坚区：库布齐—毛乌素沙漠沙化地综合防治区；
科尔沁沙地综合治理区；
浑善达克沙地综合治理区。

● **主要林木良种**

（1）'润合源 1 号'欧李。
（2）'润合源 2 号'欧李。
（3）'兴安钙果 1 号'欧李。

● **繁殖与栽培**

播种育苗、营养杯育苗、分株繁殖，种子繁殖，扦插繁殖较困难；春季植苗造林。

沙冬青

Ammopiptanthus mongolicus

蒙名 盟和—哈日嘎纳
科属 豆科沙冬青属

● **生物学特征**

常绿灌木；高 150~200cm。树皮黄色。多分枝，枝粗壮，灰黄色或黄绿色，幼枝密被灰白色平伏绢毛。叶为掌状三出复叶，少有单叶，小叶菱状椭圆形或卵形，长 2~3.8cm，宽 6~20mm，先端锐尖或钝、微凹，基部全缘。总状花序顶生，具花 8~10 朵，花冠黄色，长约 2cm。荚果扁平，矩圆形，长 5~8cm，宽 1.6~2cm，无毛，顶端有短尖，含种子 2~5粒，种子球状肾形，直径约 7mm。花期 4~5 月，果期 5~6 月。为国家二级保护野生植物。

● **生态学特性**

强旱生常绿灌木。生于沙丘、河滩边台地，荒漠区的沙质及砂砾质地，亦见于低山砾石质坡地，为良好的固沙植物。

● **三北工程适用区域**

核心攻坚区：阴山中西段沙化土地综合治理区；

库布齐—毛乌素沙漠沙化地综合防治区；

腾格里—巴丹吉林沙漠锁边治理区。

● **主要林木良种**

阿拉善盟沙冬青优良种源区种子。

● **繁殖与栽培**

播种育苗和容器育苗，种子繁殖。发芽率 85%~90%，容器育苗栽植成活率可达 90%。

82 紫穗槐

Amorpha fruticosa

蒙名 宝日—特如图—槐子
别名 棉槐、椒条
科属 豆科紫穗槐属

● **生物学特征**

　　落叶灌木；丛生，高 1~4m。小枝灰褐色，被疏毛，嫩枝密被短柔毛。叶互生，奇数羽状复叶，长 10~15cm，有小叶 11~25 片，基部有线形托，小叶卵形或椭圆形，长 1~4cm，宽 0.6~2.0cm，先端圆形，锐尖或微凹，有一短而弯曲的尖刺。穗状花序常 1 至数个顶生和枝端腋生，长 7~15cm，密被短柔毛，旗瓣心形，紫色，无翼瓣和龙骨瓣。荚果下垂，长 6~10mm，宽 2~3mm，微弯曲，顶端具小尖，棕褐色。花果期 5~10 月。

● **生态学特性**

　　多年生优良绿肥，蜜源植物，耐贫瘠、耐水湿和轻度盐碱土，又能固氮。栽植于河岸、河堤、沙地、山坡及铁路沿线，有护堤防沙、防风固沙的作用。

● **三北工程适用区域**

　　核心攻坚区：阴山中西段沙化土地综合治理区；
　　库布齐—毛乌素沙漠沙化地综合防治区；
　　科尔沁沙地综合治理区；
　　浑善达克沙地综合治理区；
　　腾格里—巴丹吉林沙漠锁边治理区。

● **繁殖与栽培**

　　播种育苗和分株繁殖，种子和扦插、压条繁殖均可；采用植苗、插条、直播和分根等方法进行造林，植苗造林以春季为宜。

83 狭叶锦鸡儿

Caragana stenophylla

蒙名 那日音—哈日嘎纳
别名 红柠条、羊柠角、红刺、柠角
科属 豆科锦鸡儿属

● **生物学特征**

矮灌木；高 30~80cm。树皮灰绿色。小枝细长，具条棱。假掌状复叶有 4 片小叶，托叶在长枝者硬化成针刺，刺长 2~3mm；长枝上叶柄硬化呈针刺，宿存，长 4~7mm，直伸或向下弯；小叶线状披针形或线形，长 4~11mm，宽 1~2mm，两面绿色或灰绿色。花冠黄色，旗瓣圆形或宽倒卵形，长 14~17mm。荚果圆筒形，长 2~2.5cm，宽 2~3mm。花期 4~6 月，果期 7~8 月。

● **生态学特性**

喜生于砂砾质土壤、覆沙地及砾石质坡地，可在典型草原、荒漠草原、山地草原及草原化荒漠等植被中成为稳定的伴生种，耐干旱，为良好的固沙和水土保持植物。生于典型草原带和荒漠草原带及草原化荒漠带的高平原、黄土丘陵、低山阳坡、干谷、沙地。

● **三北工程适用区域**

核心攻坚区：库布齐—毛乌素沙漠沙化地综合防治区。

● **繁殖与栽培**

播种育苗，种子繁殖；播种和植苗造林。

84 小叶锦鸡儿

Caragana microphylla

蒙名 乌何日—哈日嘎纳、阿拉他嘎纳
别名 柠条、连针
科属 豆科锦鸡儿属

● **生物学特征**

灌木；高 1~2m。老枝深灰色或黑绿色，嫩枝被毛，直立或弯曲。羽状复叶有 5~10 对小叶，小叶倒卵形或倒卵状长圆形，长 3~10mm，宽 2~8mm，先端圆或钝，具短刺尖。花冠黄色，长约 25mm，旗瓣宽倒卵形，先端微凹。荚果圆筒形，稍扁，长 4~5cm，宽 4~5mm，具锐尖头。花期 5~6 月，果期 7~8 月。

● **生态学特性**

生于草原区的高平原、平原及沙地、森林草原区的山地阳坡、黄土丘陵。在砂砾质、沙壤质或轻壤质土壤的针茅草原群落中形成灌木层片，并可成为亚优势成分。

● **三北工程适用区域**

核心攻坚区：阴山中西段沙化土地综合治理区；
库布齐—毛乌素沙漠沙化地综合防治区；
科尔沁沙地综合治理区；
浑善达克沙地综合治理区。

● **主要林木良种**

（1）科尔沁右翼中旗义和塔拉林场小叶锦鸡儿母树林种子。
（2）巴彦高勒小叶锦鸡儿母树林种子。

● **繁殖与栽培**

播种育苗和容器育苗，种子繁殖；造林采用播种和植苗造林。有些地方采用飞机播种，通常选在 10 mm 以上降雨之后进行播种造林。植苗造林宜采用 1~2 年生苗木，以春季造林为宜。

85 柠条锦鸡儿

Caragana korshinskii

蒙名 查干—哈日嘎呐
别名 柠条、白柠条、毛条
科属 豆科锦鸡儿属

● 生物学特征

灌木或小乔木；高 1~4m。老枝金黄色，有光泽，嫩枝被白色柔毛。羽状复叶有 6~8 对小叶，托叶在长枝硬化呈针刺，长 3~7mm，宿存，小叶披针形或狭长圆形，长 7~8mm，宽 2~7mm，先端锐尖或稍钝，有刺尖。花冠长 20~23mm，旗瓣宽卵形或近圆形，先端截平而稍凹，宽约 16mm。荚果扁，披针形，长 2~2.5cm，宽 6~7mm。花期 5 月，果期 6 月。

● 生态学特性

散生于荒漠带和荒漠草原带的流动沙丘及半固定沙地。优良固沙植物和水土保持植物。为中等饲用植物。

● 三北工程适用区域

核心攻坚区：阴山中西段沙化土地综合治理区；
库布齐—毛乌素沙漠沙化地综合防治区；
科尔沁沙地综合治理区；
浑善达克沙地综合治理区。

● 主要林木良种

（1）杭锦旗柠条锦鸡儿母树林种子。
（2）达拉特旗柠条锦鸡儿母树林种子。
（3）乌拉特中旗柠条锦鸡儿采种基地种子。
（4）正镶白旗柠条锦鸡儿采种基地种子。
（5）镶黄旗柠条锦鸡儿母树林种子。

● 繁殖与栽培

播种育苗和容器育苗；种子繁殖。

86 中间锦鸡儿

Caragana liouana

蒙名 宝特—哈日嘎呐
别名 柠条
科属 豆科锦鸡儿属

● **生物学特征**

灌木；高 0.7~1.5m。老枝黄灰色或灰绿色，幼枝被柔毛。羽状复叶有 3~8 对小叶；托叶在长枝者硬化呈针刺，长 4~7mm，宿存；小叶椭圆形成倒卵状椭圆形，长 3~10mm，宽 4~6mm，先端圆或锐尖，有短刺尖。花冠黄色，长 20~25mm，旗瓣宽卵形或近圆形。荚果披针形或长圆状披针形，长 2.5~3.5cm，宽 5~6mm，先端短渐尖。花期 5 月，果期 6 月。

● **生态学特性**

生于半固定和固定沙地、黄土丘陵。引种到兰州地区黄土山坡，不灌溉，生长良好。优良固沙和绿化荒山植物。

● **三北工程适用区域**

核心攻坚区：阴山中西段沙化土地综合治理区；
库布齐—毛乌素沙漠沙化地综合防治区；
科尔沁沙地综合治理区；
浑善达克沙地综合治理区。

● **主要林木良种**

（1）鄂托克前旗中间锦鸡儿采种基地种子。
（2）巴拉奇如德中间锦鸡儿母树林种子。

● **繁殖与栽培**

播种育苗，种子繁殖；2 年生植苗造林，造林采用播种和植苗造林，播种造林方法有穴播法、犁沟法、鱼鳞坑法、堆土定苗法和条状撒播法。

87 树锦鸡儿

Caragana arborescens

蒙名 淘日格—哈日嘎纳
别名 蒙古锦鸡儿、骨担草
科属 豆科锦鸡儿属

● **生物学特征**

小乔木或大灌木；高 2~6m。老枝深灰色，平滑，小枝有棱，绿色或黄褐色。羽状复叶有 4~8 对小叶；托叶针刺状，长 5~10mm；小叶长圆状倒卵形、狭倒卵形或椭圆形，长 1~2cm，宽 5~10mm，先端圆钝，具刺尖。花梗 2~5 簇生，每梗 1 花，长 2~5cm，花冠黄色，长 16~20mm。荚果圆筒形，长 3.5~6cm，粗 3~6.5mm，先端渐尖，无毛。花期 5~6 月，果期 8~9 月。

● **生态学特性**

生于森林带的林下、林缘。耐寒、耐旱、耐瘠薄、耐阴，较耐盐碱。

● **三北工程适用区域**

协同推进区：内蒙古东部草原沙地综合治理区；

大兴安岭嫩江上游水源地保护治理区；

额尔古纳河流域生态保护恢复综合治理区；

岭南林草过渡带生态综合治理区。

● **繁殖与栽培**

播种育苗、扦插繁殖和分根繁殖，种子繁殖；造林采用播种和植苗造林。

88 细枝羊柴

Corethrodendron scoparium

蒙名 好尼音—他日波勒吉
别名 花棒、花柴、木本岩黄芪、细枝岩黄芪
科属 豆科羊柴属

● **生物学特征**

半灌木；高达 200cm。茎和下部枝紫红色或黄褐色，皮剥落，多分枝；嫩枝绿色或黄绿色。奇数羽状复叶，下部的叶具小叶 7~11 片，上部的叶具少数小叶，最上部的叶轴上无小叶；托叶卵状披针形，较小，中部以上彼此连合；小叶矩圆状椭圆形或条形，长 1.5~3cm，宽 4~6mm，先端渐尖或锐尖。总状花序腋生，花少数，排列疏散。荚果有 2~4 节荚，节荚近球形，膨胀。花期 6~8 月，果期 8~9 月。

● **生态学特性**

喜光、喜沙埋，耐寒、耐旱、耐瘠薄、耐酷热。旱生、沙生高大半灌木。生于荒漠带的流动、半流动和固定沙丘，为荒漠和半荒漠植被的优势种或伴生种。优良的固沙先锋植物。枝叶，骆驼和羊喜食。

● **三北工程适用区域**

核心攻坚区：库布齐—毛乌素沙漠沙化地综合防治区。

● **主要林木良种**

（1）阿拉善头道湖花棒母树林种子。
（2）浩坦淖日花棒母树林种子。
（3）鄂托克旗细枝岩黄芪采种基地种子。

● **繁殖与栽培**

主要是扦插繁殖、播种繁殖；人工植苗造林。

89 羊柴

Corethrodendron fruticosum

蒙名 陶尔落格—他日波落吉
别名 塔落岩黄芪、木本岩黄芪
科属 豆科羊柴属

● **生物学特征**

半灌木或小半灌木；高 40~80cm。根系发达，主根深长。茎直立，多分枝，老枝常无毛，外皮灰白色。叶长 8~14mm，托叶卵状披针形，长 4~5mm，棕褐色干膜质；小叶片通常椭圆形或长圆形，长 14~22mm，宽 3~6mm，先端钝圆或急尖，基部楔形。总状花序腋生，具 4~14 朵花，花长 15~21mm，疏散排列，花冠紫红色。荚果 2~3 节，节荚椭圆形，长 5~7mm，宽 3~4mm，两侧膨胀，成熟荚果具细长的刺；种子肾形，黄褐色，长约 5mm，宽约 3mm。花期 7~8 月，果期 8~9 月。

● **生态学特性**

中旱生沙生半灌木，喜光，耐寒、耐旱、耐瘠薄、耐酷热。

● **三北工程适用区域**

核心攻坚区：库布齐—毛乌素沙漠沙化地综合防治区。

协同推进区：内蒙古东部草原沙地综合治理区；

大兴安岭嫩江上游水源地保护治理区；

额尔古纳河流域生态保护恢复综合治理区；

岭南林草过渡带生态综合治理区。

● **主要林木良种**

鄂托克旗塔落岩黄芪采种基地种子。

● **繁殖与栽培**

种子繁殖；在流沙上种植，可用植苗和播种造林。

90 胡枝子

Lespedeza bicolor

蒙名 矛仁—呼日布格 呼吉斯
别名 横条、横笆子、扫条
科属 豆科胡枝子属

● **生物学特征**

直立灌木；高 1~3m。多分枝，小枝黄色或暗褐色，有条棱。羽状复叶具 3 小叶，托叶 2 枚，线状披针形，长 3~4.5mm，小叶质薄，卵形、倒卵形或卵状长圆形，长 1.5~6cm，宽 1~3.5cm，先端钝圆或微凹，具短刺尖，全缘。总状花序腋生，比叶长，构成大型、较疏松的圆锥花序，花冠红紫色，长约 10mm。荚果斜倒卵形，稍扁，长约 10mm，宽约 5mm，表面具网纹，密被短柔毛。花期 7~9 月，果期 9~10 月。

● **生态学特性**

具有耐阴、耐寒、耐旱、耐瘠薄特性。生于落叶阔叶林带的阴坡林下，为栎林灌木层的优势种，也见于林缘，常与榛子一起形成林缘灌丛。一般生于海拔 150~1000m 的山坡、林缘、路旁、灌丛及杂木林间。

● **三北工程适用区域**

协同推进区：内蒙古东部草原沙地综合治理区；

大兴安岭嫩江上游水源地保护治理区；

额尔古纳河流域生态保护恢复综合治理区；

岭南林草过渡带生态综合治理区。

● **繁殖与栽培**

主要是种子繁殖；播种或植苗造林均可。

91 铃铛刺

Caragana halodendron

蒙名 好思图—哈日嘎呐
别名 盐豆木
科属 豆科锦鸡儿属

● **生物学特征**

灌木；高 0.5~2m。树皮暗灰褐色。分枝密，具短枝；长枝褐色至灰黄色，有棱，无毛；当年生小枝密被白色短柔毛。叶轴宿存，呈针刺状；小叶倒披针形，长 1.2~3cm，宽 6~10mm。总状花序生 2~5 花；总花梗长 1.5~3cm，密被绢质长柔毛；花梗细，长 5~7mm；花长 1~1.6cm；小苞片钻状，长约 1mm；花萼长 5~6mm，有长柄。荚果长 1.5~2.5cm，宽 0.5~1.2cm，背腹稍扁，两侧缝线稍下凹，种子小，微呈肾形。花期 7 月，果期 8 月。

● **生态学特性**

生于荒漠盐化沙土和河流沿岸的盐质土上，也常见于胡杨林下。

● **三北工程适用区域**

核心攻坚区：阴山中西段沙化土地综合治理区。

● **繁殖与栽培**

种子繁殖；直播或植苗造林。

92 骆驼刺
Alhagi camelorum

蒙名 占达格、特没根—乌日格苏
别名 疏叶骆驼刺
科属 豆科骆驼刺属

● **生物学特征**

半灌木；高 40~60cm。茎直立，多分枝，无毛，绿色，外倾；针刺长（1）2.5~3.5cm，硬直，开展，果期木质化。叶宽卵形、矩圆形或宽倒卵形，长 1.5~8cm，宽 8~15cm，先端钝，基部宽楔形或近圆形，脉不明显，无毛，果期不脱落；叶柄长 1~2mm。每针刺有花 6~8，苞片钻形，小或缺，萼筒钟状，无毛，齿锐尖，花冠红色，长 9~10mm，瓣宽倒卵形，长 8~9mm，宽 5~6mm，爪长约 2mm，翼瓣矩圆形，与旗瓣近等长，稍弯，龙骨瓣长 9~10mm，爪长约 3mm，子房无毛。荚果念珠状，直或稍弯，长 1.2~2.5mm，宽约 2.5mm；种子 1~6，肾形，长约 3mm。花期 6~7 月，果期 8~9 月。

● **生态学特性**

轻度盐化的低地有稀疏分布。产于阿拉善盟（阿拉善右旗、额济纳旗）。分布于我国甘肃、新疆，蒙古国等亚洲国家也有。

● **三北工程适用区域**

核心攻坚区：阴山中西段沙化土地综合治理区。

● **繁殖与栽培**

种子繁殖；直播或植苗造林。

93 大白刺

Nitraria roborowskii

蒙名 陶日格—哈日莫格
别名 罗式白刺、齿叶白刺、毛瓣白刺
科属 白刺科白刺属

● **生物学特征**

灌木；高 1~2m。多分枝，弯、平卧或开展，不孕枝先端刺针状。叶在嫩枝上 2~3（4）片簇生，宽倒披针形，长 18~30mm，宽 6~8mm，先端圆钝，全缘。花排列较密集。核果卵形或椭圆形，熟时深红色，长 8~12mm，直径 6~9mm；果核狭卵形，长 5~6mm，先端短渐尖。花期 5~6 月，果期 7~8 月。

● **生态学特性**

生于荒漠带和荒漠草原带的古河床阶地、沙质地、内陆湖盆边缘有风积沙的黏土地、盐化低湿地的芨芨草滩外围、绿洲和低地的边缘，株丛下常形成或大或小的沙堆，有时可形成高大丘堆景观。为古地中海分布种。

● **三北工程适用区域**

核心攻坚区：阴山北麓（河套平原）生态综合治理区；

腾格里—乌兰布和沙漠（贺兰山西麓）防沙治沙区；

库布齐—毛乌素沙漠沙化地综合防治区；

浑善达克沙地综合治理区。

● **主要林木良种**

庆格勒图大白刺优良种源区种子。

● **繁殖与栽培**

种子繁殖或嫩枝扦插；植苗造林。

94 霸王

Sarcozygium xanthoxylon

蒙名 胡迪日
科属 蒺藜科驼蹄瓣属

● **生物学特征**

灌木；高 50~100cm。枝弯曲，开展，皮淡灰色，先端具刺尖，坚硬。叶在老枝上簇生，幼枝上对生；叶柄长 8~25mm；小叶长匙形，狭矩圆形或条形，长 8~24mm，宽 2~5mm，先端圆钝，基部渐狭。花生于老枝叶腋，花瓣 4，倒卵形或近圆形，淡黄色，长 8~11mm。蒴果近球形，长 18~40mm，翅宽 5~9mm，常 3 室，每室有 1 种子；种子肾形，长 6~7mm，宽约 2.5mm。花期 4~5 月，果期 7~8 月。

● **生态学特性**

经常出现于荒漠、草原化荒漠和荒漠化草原地带，在戈壁覆沙地上可成为建群种形成群落，亦散生于石质残丘坡地、固定与半固定沙地、干河床边、砂砾质丘间平地。为戈壁分布种。

● **三北工程适用区域**

核心攻坚区：阴山北麓（河套平原）生态综合治理区；

腾格里—乌兰布和沙漠（贺兰山西麓）防沙治沙区；

巴丹吉林沙漠边缘（内蒙古西部荒漠）防沙治沙区。

● **繁殖与栽培**

种子繁育较困难，扦插繁殖也不易获得苗木；春季植苗造林。

95 白杜

Euonymus maackii

蒙名 额莫根—查干
别名 桃叶卫矛、华北卫矛
科属 卫矛科卫矛属

● **生物学特征**

落叶灌木或小乔木；高可达 6m。树皮灰色形或微四棱形，无木栓质翅，光滑，绿色或灰绿色。叶对生，卵形、椭圆状卵形或椭圆状披针形，长 4~10cm，宽 2~5cm，先端长渐尖，基部宽楔形。聚伞花序由 3~15 朵花组成，花瓣 4，矩圆形，黄绿色，长约 4mm。蒴果倒圆锥形，4 浅裂，直径约 1cm，粉红或淡黄色；种子外被橘红色假种皮，上端有小孔，露出种子。花期 6 月，果期 8 月。

● **生态学特性**

生于草原带的山地、沟坡、沙丘，属喜光的深根性树种。

● **三北工程适用区域**

核心攻坚区：阴山北麓（河套平原）生态综合治理区；

腾格里—乌兰布和沙漠（贺兰山西麓）防沙治沙区；

库布齐—毛乌素沙漠沙化地综合防治区；

内蒙古科尔沁沙地综合治理区；

浑善达克沙地综合治理区。

协同推进区：内蒙古东部草原沙地综合治理区；

大兴安岭嫩江上游水源地保护治理区；

岭南林草过渡带生态综合治理区。

● **繁殖与栽培**

主要为种子或扦插繁殖，天然下种即萌生，且生长良好；春季植苗造林。

96 火炬树

Rhus typhina

别名 火炬

科属 漆树科盐肤木属

● **生物学特征**

灌木或小乔木；高可达 10m。小枝、叶轴、花序轴皆密被淡褐色茸毛和腺体。叶互生，单数羽状复叶，小叶 11~31 片，对生，叶片矩圆状披针形，长 5~12cm，宽 1.5~3.5cm，先端渐尖或长渐尖。花单性，雌雄异株，圆锥花序密集，顶生，长 7~20cm，宽 4~8cm，雌花序变为深红色，形如火炬。核果球形，外面密被深红色刺毛和腺点，含种子 1 粒。花期 5~7 月，果期 8~9 月。

● **生态学特性**

喜光，耐寒，对土壤适应性强，耐干旱瘠薄、耐水湿、耐盐碱。根系发达，萌蘖能力强，4 年内可萌发 30~50 株萌蘖植株。浅根性，生长快，寿命短。

● **三北工程适用区域**

核心攻坚区：阴山北麓（河套平原）生态综合治理区；

腾格里—乌兰布和沙漠（贺兰山西麓）防沙治沙区；

库布齐—毛乌素沙漠沙化地综合防治区；

巴丹吉林沙漠边缘（内蒙古西部荒漠）防沙治沙区。

● **繁殖与栽培**

可人工播种，也可根插繁殖；春季植苗造林。

97 文冠果

Xanthoceras sorbifolium

蒙名 甚抴—毛都
别名 木瓜、文冠树
科属 无患子科文冠果属

● **生物学特征**

落叶灌木或小乔木；高 2~5m。小枝粗壮，褐红色。叶连柄长 15~30cm，小叶 4~8 对，膜质或纸质，披针形或近卵形，长 2.5~6cm，宽 1.2~2cm，顶端渐尖。花序先叶抽出或与叶同时抽出，两性花的花序顶生，雄花序腋生，长 12~20cm，直立，花瓣白色，长约 2cm，宽 7~10mm，子房被灰色茸毛。蒴果长达 6cm；种子长达 1.8cm，黑色而有光泽。花期春季，果期秋初。

● **生态学特性**

生于落叶阔叶林带和草原带的山坡、丘陵山坡等，各地也常栽培。

● **三北工程适用区域**

核心攻坚区：阴山北麓（河套平原）生态综合治理区；
腾格里—乌兰布和沙漠（贺兰山西麓）防沙治沙区；
库布齐—毛乌素沙漠沙化地综合防治区；
内蒙古科尔沁沙地综合治理区。

● **主要林木良种**

（1）国营坤都经济林场文冠果母树林种子。
（2）'蒙冠红'。
（3）'蒙冠1号'。
（4）'蒙冠2号'。
（5）翁牛特旗花果营林场文冠果母树林种子。
（6）阿鲁科尔沁旗文冠果家庭农场母树林种子。
（7）突泉县东风林场文冠果母树林种子。
（8）'金公主7号'文冠果。

● **繁殖与栽培**

主要是种子繁殖；春季植苗造林。

98 酸枣

Ziziphus jujuba var. *spinosa*

蒙名 哲日力格—查巴嘎
别名 棘、酸枣树、角针、硬枣、山枣树
科属 鼠李科枣属

● **生物学特征**

灌木或小乔木；高达 4m。小枝弯曲，有细长的刺：一种是狭长刺，有时可达 3cm，另一种刺呈弯钩状。单叶互生，长椭圆状卵形至卵状披针形，长 1~4（5）cm，先端钝或微尖。花黄绿色，2~3 朵簇生于叶腋，花瓣 5，雄蕊 5，与花瓣对生，具明显花盘。核果暗红色，卵形至长圆形，长 0.7~1.5cm，核顶端钝。花期 5~6 月，果期 9~10 月。

● **生态学特性**

喜生于草原带海拔 1000m 以下的向阳干燥平原、丘陵、山麓、山沟，常形成灌木丛。

● **三北工程适用区域**

核心攻坚区：阴山北麓（河套平原）生态综合治理区；

库布齐—毛乌素沙漠沙化地综合防治区；

内蒙古科尔沁沙地综合治理区。

● **主要林木良种**

呼和温都尔酸枣母树林种子（2023 年度认定）。

● **繁殖与栽培**

主要是种子繁殖；春季植苗造林。

99 小叶鼠李

Rhamnus parvifolia

蒙名 牙黑日—牙西拉
别名 圆叶鼠李、金县鼠李、黑格令
科属 鼠李科鼠李属

● **生物学特征**

灌木；高 1.5~2m。小枝对生或近对生，紫褐色，平滑，稍有光泽，枝端及分叉处有针刺。叶纸质，对生或近对生，菱状倒卵形或菱状椭圆形，长 1.2~4cm，宽 0.8~2（3）cm，顶端钝尖或近圆形，稀突尖，基部楔形或近圆形。花单性，雌雄异株，黄绿色，有花瓣，通常数个簇生于短枝上。核果倒卵状球形，直径 4~5mm，成熟时黑色，具 2 个分核；种子矩圆状倒卵圆形，褐色，背侧有长为种子 4/5 的纵沟。花期 4~5 月，果期 6~9 月。

● **生态学特性**

生于海拔 400~2300m 的森林草原带和草原带的向阳石质山坡、沟谷、沙丘间地、灌木丛中。

● **三北工程适用区域**

核心攻坚区：阴山北麓（河套平原）生态综合治理区；

库布齐—毛乌素沙漠沙化地综合防治区；

内蒙古科尔沁沙地综合治理区；

浑善达克沙地综合治理区。

● **繁殖与栽培**

主要是种子繁殖；春季植苗造林。

红砂

Reaumuria songarica

蒙名 乌兰—宝都日嘎纳
别名 枇杷柴、红虱
科属 柽柳科红砂属

● **生物学特征**

小灌木；仰卧，高 10~30（70）cm。多分枝。叶肉质，短圆柱形，鳞片状，上部稍粗，长 1~5mm，宽 0.5~1mm。花单生叶腋（实为生在极度短缩的小枝顶端）或在幼枝上端集为少花的总状花序状，花瓣 5，白色略带淡红，长圆形，长约 4.5mm，宽约 2.5mm，先端钝。蒴果长椭圆形或纺锤形，或作三棱锥形，长 4~6mm，宽约 2mm；通常具 3~4 枚种子，种子长圆形，长 3~4mm，先端渐尖，基部变狭，全部被黑褐色毛。花期 7~8 月，果期 8~9 月。

● **生态学特性**

广泛生于荒漠带和荒漠草原地带，在干湖盆、干河床等盐渍土上形成隐域性群落，此外，能沿盐渍低地深入干草原地带。

● **三北工程适用区域**

核心攻坚区：阴山北麓（河套平原）生态综合治理区；

腾格里—乌兰布和沙漠（贺兰山西麓）防沙治沙区；

浑善达克沙地综合治理区；

巴丹吉林沙漠边缘（内蒙古西部荒漠）防沙治沙区。

● **繁殖与栽培**

播种、扦插繁殖；植苗造林（裸根苗春、秋造林，容器苗春、夏、秋造林）。

多枝柽柳
Tamarix ramosissima

蒙名 乌兰—苏海
别名 红柳
科属 柽柳科柽柳属

● **生物学特征**

灌木或小乔木状；高 1~3（6）m。老秆和老枝的树皮暗灰色，当年生木质化的生长枝淡红或橙黄色，长而直伸，有分枝。木质化生长枝上的叶披针形，基部短，半抱茎，微下延；绿色营养枝上的叶短卵圆形或三角状心脏形，长 2~5mm，急尖，略向内倾，几抱茎，下延。总状花序生在当年生枝顶，集成顶生圆锥花序，长 3~5cm，宽 3~5mm；花 5 数，花瓣粉红色或紫色，长 1~1.7mm，宽 0.7~1mm，直伸，靠合，形成闭合的酒杯状花冠；子房锥形瓶状具 3 棱。蒴果三棱圆锥形瓶状，长 3~5mm。花期 5~9 月。

● **生态学特性**

喜光，不耐阴。多生于荒漠带和干草原的盐渍低地、古河道、湖盆边缘，沙丘上，每集沙成为风植沙滩。

● **三北工程适用区域**

核心攻坚区： 阴山北麓（河套平原）生态综合治理区；

腾格里—乌兰布和沙漠（贺兰山西麓）防沙治沙区；

库布齐—毛乌素沙漠沙化地综合防治区；
浑善达克沙地综合治理区；

巴丹吉林沙漠边缘（内蒙古西部荒漠）防沙治沙。

● **主要林木良种**

额济纳旗多枝柽柳优良种源区穗条。

● **繁殖与栽培**

播种或扦插育苗繁殖；植苗、扦插造林。

柽柳

Tamarix chinensis

蒙名 苏海

别名 中国柽柳、桧柽柳、华北柽柳

科属 柽柳科柽柳属

● **生物学特征**

乔木或灌木；高 3~6m。老枝直立，幼枝稠密细弱；嫩枝繁密纤细、悬垂。叶鲜绿色，长圆状披针形或长卵形，长 1.5~1.8mm，稍开展，先端尖，基部背面有龙骨状突起，常呈薄膜质。每年开花 2~3 次，总状花序侧生在前一年生木质化的小枝上，长 3~6cm，宽 5~7mm，花大而少，小枝下倾；花瓣 5，粉红色，长约 2mm；夏、秋季开花；总状花序长 3.5cm，较春生者细，生于当年生幼枝顶端，组成顶生大圆锥花序，疏松而通常下弯，花瓣粉红色 4。蒴果圆锥形。花期 4~9 月。

● **生态学特性**

轻度耐盐，生于河流冲积平原、海滨、滩头、潮湿盐碱地和沙荒地，以及草原带的湿润碱地、河岸冲积地、丘陵沟谷湿地、沙地。

● **三北工程适用区域**

核心攻坚区：阴山北麓（河套平原）生态综合治理区；

库布齐—毛乌素沙漠沙化地综合防治区；

内蒙古科尔沁沙地综合治理区；

浑善达克沙地综合治理区。

● **繁殖与栽培**

播种或扦插育苗繁殖；春季植苗或扦插造林。

103 沙棘

Hippophae rhamnoides

蒙名 其查日嘎纳
别名 醋柳、酸刺、黑刺
科属 胡颓子科沙棘属

● **生物学特征**

落叶灌木或乔木；高1~5m，高山沟谷可达18m。棘刺较多，粗壮，顶生或侧生；嫩枝褐绿色，密被银白色而带褐色鳞片或有时具白色星状柔毛，老枝灰黑色，粗糙。单叶通常近对生，与枝条着生相似，纸质，狭披针形或矩圆状披针形，长30~80mm，宽4~10mm，两端钝形或基部近圆形，初被白色盾形毛或星状柔毛，下面银白色或淡白色，被鳞片。果实圆球形，直径4~6mm，橙黄色或橘红色；果梗长1~2.5mm；种子小，阔椭圆形至卵形，有时稍扁，长3~4.2mm，黑色或紫黑色，具光泽。花期4~5月，果期9~10月。

● **生态学特性**

比较喜暖，生于暖温带落叶阔叶林带和森林草原带的山地沟谷、山坡、沙丘间低地、向阳的山脊、谷地、干涸河床地或山坡，多砾石或沙质土壤或黄土上。

● **三北工程适用区域**

核心攻坚区：库布齐—毛乌素沙漠沙化地综合防治区；

内蒙古科尔沁沙地综合治理区。

● **繁殖与栽培**

主要采用种子繁殖，亦可嫩枝或硬枝扦插繁殖；1~2年生苗春季植苗造林。

104 紫丁香
Syringa oblata

蒙名 高力得—宝日
别名 丁香、华北紫丁香
科属 木樨科丁香属

● **生物学特征**

灌木或小乔木；高可达 5m。树皮灰褐色或灰色。小枝、花序轴、花梗、苞片、花萼、幼叶两面以及叶柄均无毛而密被腺毛。小枝较粗，疏生皮孔。叶片革质或厚纸质，卵圆形至肾形，长 2~14cm，宽 2~15cm，先端短凸尖至长渐尖或锐尖。圆锥花序直立，由侧芽抽生，近球形或长圆形，长 4~16cm，宽 3~7cm；花冠紫色，长 1.1~2cm。果倒卵状椭圆形、卵形至长椭圆形，长 1~1.5cm，宽 4~8mm，先端长渐尖，光滑。花期 4~5 月，果期 6~10 月。

● **生态学特性**

喜温暖、湿润及阳光充足，很多种类也具有一定耐寒力。落叶后萌动前裸根移植，选土壤肥沃、排水良好的向阳处种植。生于山坡丛林、山沟溪边、山谷路旁及滩地水边。

● **三北工程适用区域**

核心攻坚区： 阴山北麓（河套平原）生态综合治理区；

腾格里—乌兰布和沙漠（贺兰山西麓）防沙治沙区；

库布齐—毛乌素沙漠沙化地综合防治区；

内蒙古科尔沁沙地综合治理区。

● **繁殖与栽培**

主要是种子繁殖，因种子饱满，结实量大，经低温 0~4℃处理后种子出苗率达 80% 以上；也可扦插和分株繁殖。

105 白丁香
Syringa oblata 'Alba'

蒙名 查干—高力得—宝日
别名 白花丁香
科属 木樨科丁香属

● **生物学特征**

多年生落叶灌木、小乔木；高 4~5m。叶片较小，纸质，单叶互生，卵圆形或肾脏形，基部通常为截形、圆楔形至近圆形或近心形，有微柔毛，先端锐尖。花白色，有单瓣、重瓣之别，花端 4 裂，筒状，呈圆锥花序。花期 4~5 月。

● **生态学特性**

喜光，稍耐阴、耐寒、耐旱，喜排水良好的深厚肥沃土壤。

● **三北工程适用区域**

核心攻坚区：阴山北麓（河套平原）生态综合治理区；
腾格里—乌兰布和沙漠（贺兰山西麓）防沙治沙区；
内蒙古科尔沁沙地综合治理区。

● **繁殖与栽培**

分株、压条、嫁接、扦插和播种等，一般多用播种和分株法繁殖；植苗造林。

106 黑果枸杞

Lycium ruthenicum

蒙名 哈日—侵娃音—哈日漠格
别名 苏枸杞、黑枸杞
科属 茄科枸杞属

● **生物学特征**

灌木，多棘刺；高 20~50cm。多分枝，分枝斜升或横卧于地面，白色或灰白色，坚硬，常成"之"字形曲折，小枝顶端渐尖成棘刺状，节间短缩，每节有长 0.3~1.5cm 的短棘刺，短枝在老枝上呈瘤状。生有簇生叶或花、叶同时簇生，叶 2~6 枚簇生于短枝上，在幼枝上则单叶互生，肥厚肉质，近无柄，条形、条状披针形或条状倒披针形，长 0.5~3cm，宽 2~7mm。花 1~2 朵生于短枝上，花冠漏斗状，浅紫色，长约 1.2cm。浆果紫黑色，球状，有时顶端稍凹陷，直径 4~9mm；种子肾形，褐色，长 1.5mm，宽 2mm。花果期 5~10 月。

● **生态学特性**

耐干旱、耐盐，生于荒漠带的盐化低地、沙地、路旁、村舍附近。

● **三北工程适用区域**

核心攻坚区：阴山北麓（河套平原）生态综合治理区；

腾格里—乌兰布和沙漠（贺兰山西麓）防沙治沙区；

库布齐—毛乌素沙漠沙化地综合防治区；

巴丹吉林沙漠边缘（内蒙古西部荒漠）防沙治沙区。

● **主要林木良种**

'居延黑杞1号'。

● **繁殖与栽培**

种子繁殖、无性扦插繁殖；多在春季植苗造林。

枸杞

Lycium chinense

蒙名 侵娃音—哈日漠格
别名 枸杞子、狗奶子
科属 茄科枸杞属

● **生物学特征**

灌木，多分枝；高 0.5~1m，栽培时可达 2m 多。枝条细弱，弓状弯曲或俯垂，淡灰色，有纵条纹，棘刺长 0.5~2cm，小枝顶端锐尖呈棘刺状。叶纸质或栽培者质稍厚，单叶互生或 2~4 枚簇生，卵形、卵状菱形、长椭圆形、卵状披针形，顶端急尖，基部楔形，长 1.5~5cm，宽 0.5~2.5cm，栽培者可达 10cm 以上。花在长枝上单生或双生于叶腋，在短枝上则同叶簇生；花冠漏斗状，长 9~12mm，淡紫色。浆果红色，卵状，长 7~15mm，栽培者长可达 2.2cm；种子扁肾脏形，长 2.5~3mm，黄色。花果期 6~11 月。

● **生态学特性**

常生于山坡、荒地、丘陵地、盐碱地、路旁及村边宅旁。

● **三北工程适用区域**

核心攻坚区：阴山北麓（河套平原）生态综合治理区；

腾格里—乌兰布和沙漠（贺兰山西麓）防沙治沙区；

库布齐—毛乌素沙漠沙化地综合防治区；

内蒙古科尔沁沙地综合治理区。

● **繁殖与栽培**

一般通过种子或者扦插繁殖；植苗造林。

108 蒙古莸

Caryopteris mongholica

蒙名 道噶日嘎那
别名 白蒿
科属 唇形科莸属

● **生物学特性**

落叶小灌木；高 0.3~1.5m。常自基部分枝。叶片厚纸质，线状披针形或线状长圆形；叶柄长约 3mm。聚伞花序腋生，无苞片和小苞片；花萼钟状，长约 3mm，外面密生灰白色茸毛，深 5 裂，裂片阔线形至线状披针形，长约 1.5mm；花冠蓝紫色，长约 1cm，外面被短毛，5 裂，下唇中裂片较长大，边缘流苏状，花冠管长约 5mm，管内喉部有细长柔毛；雄蕊 4 枚，几乎等长，与花柱均伸出花冠管外；子房长圆形，无毛，柱头 2 裂。蒴果椭圆状球形，无毛，果瓣具翅。花果期 8~10 月。

● **生态学特性**

喜光，极耐旱、耐寒，萌蘖能力强，耐沙埋，对土壤要求不严，其在疏松渗透性良好的沙壤土生长最佳。生长在海拔 1100~1250m 的干旱坡地，沙丘荒野及干旱碱质土壤上。产于河北、山西、陕西、内蒙古、甘肃，蒙古国也有分布。

● **三北工程适用区域**

核心攻坚区：阴山中西段沙化土地综合治理区；

库布齐—毛乌素沙漠沙化地综合防治区；

浑善达克沙地综合治理区；

腾格里—巴丹吉林沙漠锁边治理区。

协同推进区：大兴安岭西南部区域。

● **繁殖与栽培**

播种、扦插、压条繁殖；植苗造林。

生态草种

　　内蒙古地区草种质资源丰富，生态类型多样，优良草种分布广泛。羊草、冰草、斜茎黄芪等多年生草本植物，作为我国三北地区的优良乡土草种，在生态修复、种质资源创新、种群重建以及科学研究等领域中都展现出其独特的价值。在三北工程攻坚战中扮演着重要的角色，值得大力推广。

　　此部分介绍了内蒙古三北工程区经过生产实践与品种选育的 38 种优良草种。这些草种为优良乡土草种质资源体系提供了有力支撑，进一步推动了优良草种基地的建设。同时，也满足了三北地区草原生态修复的需求，为草原保护修复和草牧业的高质量发展提供了必要的技术支持。

109 展枝唐松草
Thalictrum squarrosum

蒙名 莎格莎嘎日—查存—其其格、汉腾、铁木尔—额布斯
别名 猫爪子、展枝白蓬草
科属 毛茛科唐松草属

● **生物学特征**

多年生草本；高达 1m。须根发达，灰褐色。叶集生于茎下部和中部，近向上直展；具短柄，为三至四回三出羽状复叶，小叶具短柄或近无柄，顶生小叶柄较长，小叶卵形、倒卵形或宽倒卵形，长 6~20mm，宽 3~15mm。圆锥花序近二叉状分枝，呈伞房状，花梗长 1.5~3mm，基部具披针形。花直径 5~7mm；萼片 4，淡黄绿色，稍带紫色，狭卵形，长 3~5mm，宽 1.2~2cm，无花瓣；雄蕊 7~10，花丝细，长 2~5cm，花药条形，长约 3cm，比花丝粗，先端渐尖；心皮 1~3，无柄，柱头三角形，有翼。瘦果新月形或纺锤形。花期 7~8 月，果期 8~9 月。

● **生态学特性**

适生于干燥的砾质山坡及森林草原，在沙丘地带或撂荒地的沙质土壤上亦能良好生长。当进入草甸草原群落时，可成为优势杂类草，但不能进入盐渍化的低湿生境。

● **三北工程适用区域**

核心攻坚区：阴山中西段沙化土地综合治理区；
库布齐—毛乌素沙漠沙化地综合防治区；
科尔沁沙地综合治理区；
浑善达克沙地综合治理区。
协同推进区：大兴安岭西南部区域。
巩固拓展区：东部区域。

● **繁殖与栽培**

种子繁殖、栽培。

110 碱蓬

Suaeda glauca

蒙名 和日斯
别名 海英菜、碱蒿、盐蒿
科属 苋科碱蓬属

● **生物学特征**

一年生草本；高 30~60cm。茎直立。叶条形。花两性，单生或 2~5 朵簇生于叶腋的短柄上，或呈团伞状；花被片 5，矩圆形，向内包卷，果时花被增厚，具隆脊，呈五角星状。胞果包在花被内，果皮膜质；种子横生或斜生，双凸镜形，黑色，直径约 2mm，周边钝或锐，表面具清晰的颗粒状点纹，稍有光泽；胚乳很少。花果期 7~9 月。

● **生态学特性**

生于盐渍化和盐碱湿润的土壤上。群集或零星分布，能形成群落或层片。

● **三北工程适用区域**

核心攻坚区：阴山中西段沙化土地综合治理区；
库布齐—毛乌素沙漠沙化地综合防治区。

● **繁殖与栽培**

种子繁殖、栽培。

111 杂交苜蓿
Medicago × varia

别名 天山苜蓿
科属 豆科苜蓿属

● **生物学特征**

多年生草本；高 60~80（120）cm。茎直立、平卧或上升，具4棱，多分枝，上部微被开展柔毛。羽状三出复叶；托叶披针形，先端渐尖，基部稍具齿裂，脉纹清晰；下部叶柄较小叶长，上部均比小叶短；小叶长倒卵形至椭圆形，纸质，近等大，长 10~20（25）mm，宽（3）5~10mm，先端钝圆，具由中脉伸出长齿尖，基部钝圆或阔楔形，叶缘中部以上具浅锯齿，上面无毛，下面微被贴伏柔毛，侧脉8对；顶生小叶具稍长小叶柄。花序长圆形，具花 8~15 朵，初时紧密，花期伸长而疏松；总花梗挺直，腋生比叶长；苞片线状锥形，通常比花梗短；花长 9~10（11）mm；花梗长 2~3mm；萼钟形，微被毛，萼齿披针状三角形，与萼筒等长或稍长；花冠各色，花期内逐渐变化，由灰黄色转蓝色、紫色至深紫色，也有棕红色的，旗瓣卵状长圆形，常带条状色纹，先端微凹，比翼瓣和龙骨瓣长，翼瓣与龙骨瓣几等长，均钝头，并具瓣柄；子房线形，被柔毛，花柱短，略弯曲，柱头头状，胚珠 6~8 粒。荚果旋转（0.5）1~1.5（2）圈，松卷，径（4）7~9（12）mm，中央有孔，被贴伏柔毛，脉纹不清晰；有种子 3~6 粒，种子卵形，棕色。花期 7~8 月。

● **生态学特性**

抗寒，耐旱，适应性强。适于在我国北方干旱、半干旱地区有灌溉条件下种植，累计推广种植面积 13.33 万 hm^2。

● **三北工程适用区域**

核心攻坚区：阴山中西段沙化土地综合治理区；
库布齐—毛乌素沙漠沙化地综合防治区；
科尔沁沙地综合治理区；
浑善达克沙地综合治理区。
协同推进区：大兴安岭西南部区域。
巩固拓展区：东部区域。

- **审定品种**

    （1）'草原3号'杂花苜蓿。

    （2）'牧科1号'杂花苜蓿。

    （3）'呼伦贝尔'杂花苜蓿。

    （4）'中草8号'杂花苜蓿。

    （5）'上都'杂花苜蓿。

- **繁殖与栽培**

    播种栽培。

112 苜蓿

Medicago sativa

蒙名 宝日—查日嘎苏
别名 紫苜蓿
科属 豆科苜蓿属

● **生物学特征**

多年生草本；高 30~100cm。根粗壮。茎直立、丛生以至平卧，四棱形，无毛或微被柔毛，枝叶茂盛。羽状三出复叶；托叶大，卵状披针形，先端锐尖，基部全缘或具 1~2 齿裂，脉纹清晰；叶柄比小叶短；小叶长卵形、倒长卵形至线状卵形，等大或顶生小叶稍大，长（5）10~25（40）mm，宽 3~10mm，纸质，先端钝圆，具由中脉伸出的长齿尖，基部狭窄，楔形，边缘 1/3 以上具锯齿，上面无毛，深绿色，下面被贴伏柔毛，侧脉 8~10 对，与中脉呈锐角，在近叶边处略有分叉；顶生小叶柄比侧生小叶柄略长。花序总状或头状，长 1~2.5cm，具花 5~30 朵；总花梗挺直，比叶长；苞片线状锥形，比花梗长或等长；花长 6~12mm；花梗短，长约 2mm；萼钟形，长 3~5mm，萼齿线状锥形，比萼筒长，被贴伏柔毛；花冠各色：淡黄、深蓝至暗紫色，花瓣均具长瓣柄，旗瓣长圆形，先端微凹，明显较翼瓣和龙骨瓣长，翼瓣较龙骨瓣稍长；子房线形，具柔毛，花柱短阔，上端细尖，柱头点状，胚珠多数。荚果螺旋状紧卷 2~4（6）圈，中央无孔或近无孔，径 5~9mm，被柔毛或渐脱落，脉纹细，不清晰，熟时棕色；有种子 10~20 粒，种子卵形，长 1~2.5mm，平滑，黄色或棕色。花期 5~7 月，果期 6~8 月。

● **生态学特性**

喜湿、喜光，对土壤要求不严格，但要求排水良好的沙质壤土。

● **三北工程适用区域**

核心攻坚区：阴山中西段沙化土地综合治理区；
库布齐—毛乌素沙漠沙化地综合防治区；
科尔沁沙地综合治理区；
浑善达克沙地综合治理区。
协同推进区：大兴安岭西南部区域。
巩固拓展区：东部区域。

- **审定品种**

    （1）'中草 5 号'紫花苜蓿。

    （2）'WL168HQ'紫花苜蓿。

    （3）'WL319HQ'紫花苜蓿。

    （4）'中草 6 号'紫花苜蓿。

    （5）'中草 10 号'紫花苜蓿。

    （6）'WL343 HQ'紫花苜蓿。

    （7）'LegenDairy XHD（WL298HQ）'紫花苜蓿。

    （8）'中草 13 号'紫花苜蓿。

    （9）'中科 1 号'紫花苜蓿。

    （10）'中科 2 号'紫花苜蓿。

    （11）'骑士 T'紫花苜蓿。

    （12）'中草 4 号'紫花苜蓿。

- **繁殖与栽培**

    播种栽培。

113 野苜蓿

Medicago falcata

蒙名 希日—查日嘎苏
别名 黄花苜蓿
科属 豆科苜蓿属

● **生物学特征**

多年生草本。根粗壮，木质化。茎斜升或平卧，长 30~60（100）cm。叶为羽状三出复叶。总状花序密集成头状，腋生通常具花 5~20 朵；子房宽条形，稍弯曲或近直立，有毛或近无毛，花柱向内弯曲，柱头头状。荚果稍扁，镰刀形，稀近于直，长 7~12mm，被伏毛，含种子 2~4（8）颗。花期 7~8 月，果期 8~9 月。

● **生态学特性**

耐寒，喜生于砂质或沙壤土，多见于河滩、沟谷等低湿生境中。见于兴安北部、科尔沁、兴安南部、岭西、呼锡高原等地。

● **三北工程适用区域**

核心攻坚区：阴山中西段沙化土地综合治理区；

库布齐—毛乌素沙漠沙化地综合防治区；

科尔沁沙地综合治理区；

浑善达克沙地综合治理区。

协同推进区：大兴安岭西南部区域。

巩固拓展区：东部区域。

● **审定品种**

（1）'乌珠穆沁'黄花苜蓿。
（2）'白音锡勒'黄花苜蓿。

● **繁殖与栽培**

播种栽培。

114 花苜蓿

Medicago ruthenica

蒙名 其日格—额布苏
别名 扁豆子、扁蓿豆
科属 豆科苜蓿属

● **生物学特征**

多年生草本；高 20~60cm。根茎粗。叶为羽状三出复叶。总状花序，腋生，稀疏，具花（8）4~10（12）朵，总花梗超出于此，疏生短毛；苞片极小，锥形；花长 2~8mm，有毛；花萼钟状，长 2~2.5（3）mm，密被伏毛，萼齿披针形，比萼筒或近等长；花冠黄褐色，中央深红色至紫色条纹，旗瓣倒卵状长圆形、倒心形至匙形，先端凹头，翼瓣稍短，长圆形，龙骨瓣明显短，卵形，均具长瓣柄；子房线形，无毛，花柱短。荚果扁平，矩圆形或椭圆形，长 8~12（18）mm，宽 3~5mm，先端有短喙，含种子 2~4 颗；种子矩圆状椭圆形，长 2~2.5mm，淡黄色。花期 7~8 月，果期 8~9 月。

● **生态学特性**

具有生态适应性广、耐贫瘠、抗寒、抗旱的特点。生于丘陵坡地、砂质地、路旁草地等处。

● **三北工程适用区域**

核心攻坚区： 阴山中西段沙化土地综合治理区；
库布齐—毛乌素沙漠沙化地综合防治区；
科尔沁沙地综合治理区；
浑善达克沙地综合治理区。
协同推进区： 大兴安岭西南部区域。
巩固拓展区： 东部区域。

● **审定品种**

（1）'蒙农1号'花苜蓿。
（2）'中科1号'花苜蓿。
（3）'蒙农2号'花苜蓿。
（4）'中草7号'扁蓿豆。
（5）'科尔沁沙地'扁蓿豆。

● **繁殖与栽培**

播种栽培。

115 多叶棘豆

Oxytropis myriophylla

蒙名 达兰—奥日图哲
别名 狐尾藻棘豆
科属 豆科棘豆属

● **生物学特征**

多年生草本；高 20~30cm。主根深长，粗壮。无地上茎或茎极短缩。托叶卵状披针形；叶为具轮生小叶的复叶，长 10~20cm，通常可达 25~32 轮。总花梗比叶长或近等长，疏或密生长柔毛；总状花序具花 10 余朵，花淡红紫色，长 20~25mm；子房圆柱形，被毛。荚果披针状矩圆形，长约 15mm，宽约 5mm，先端具长而尖喙，喙长 5~7mm，表面密被长柔毛，内具稍厚的假隔膜，成不完全的 2 室。花期 6~7 月，果期 7~9 月。

● **生态学特性**

多出现于森林草原带的丘陵顶端和山地砾石性土壤上。为草甸草原群落的伴生成分或次优势种；也进入千坝草原地带和林区边缘，生长在砾石质或沙质土壤上。

● **三北工程适用区域**

核心攻坚区：科尔沁沙地综合治理区；
浑善达克沙地综合治理区。
协同推进区：大兴安岭西南部区域。
巩固拓展区：东部区域。

● **繁殖与栽培**

播种栽培。

116 斜茎黄芪

Astragalus laxmannii

蒙名 特哲林—好恩其日
别名 沙打旺、直立黄芪、地丁、马拌肠、漠北黄耆
科属 豆科黄芪属

● **生物学特征**

植株高 1~2m。茎直立和近直立,绿色,粗壮。小叶椭圆形或卵状椭圆形;长 20~35mm。总状花序长圆柱状、穗状,稀近头状,生多数花,排列密集,有时较稀疏;花冠近蓝色或红紫色,旗瓣长 11~15mm,倒卵圆形,先端微凹,基部渐狭,翼瓣较旗瓣短,瓣片长圆形,与瓣柄等长,龙骨瓣长 7~10mm,瓣片较瓣柄稍短;子房被密毛,有极短的柄。荚果长圆形,长 7~18mm,两侧稍扁,背缝凹入成沟槽,顶端具下弯的短喙,被黑色、褐色或和白色混生毛,假 2 室。花期 6~8 月,果期 8~10 月。

● **生态学特性**

耐寒、耐旱、耐贫瘠、耐盐碱,喜温暖气候,在 20~25℃时生长最快,适宜在年平均气温 8~15℃、年降水量 300mm 的地区生长,无霜期少于 140 天的地区不能正常开花结实,在冬季 –30℃的低温下能安全越冬。

● **三北工程适用区域**

核心攻坚区:阴山中西段沙化土地综合治理区;
库布齐—毛乌素沙漠沙化地综合防治区;
科尔沁沙地综合治理区。

● **审定品种**

'红山'沙打旺。

● **繁殖与栽培**

播种栽培。

117 草木樨

Melilotus suaveolens

蒙名 呼庆黑
别名 黄花草、黄花草木樨、香马料木樨、野木樨
科属 豆科草木樨属

● **生物学特征**

一、二年生草本；高 60~90cm，有时可达 1m 以上。茎直立，粗壮。叶为羽状三出复叶。总状花序细长，腋生，有多数花；花黄色，长 3.5~4.5mm；花萼钟状，长约 2mm，萼齿 5，三角状披针形，近等长，稍短于萼筒；子房卵状矩圆形，无柄，花柱细长。荚果小，近球形或卵形，长约 3.5mm，成熟时近黑色，表面具网纹，内含种子 1 颗，近圆形或椭圆形稍扁。花期 6~8 月，果期 7~10 月。

● **生态学特性**

在森林草原和草原带的草甸或轻度盐化草甸中为常见伴生种，并可进入荒漠草原的河滩低湿地，以及轻度盐化草甸。多生于河滩、沟谷、湖盆洼地等低湿地生境中。

● **三北工程适用区域**

核心攻坚区：阴山中西段沙化土地综合治理区；
库布齐—毛乌素沙漠沙化地综合防治区；
科尔沁沙地综合治理区；
浑善达克沙地综合治理区；
腾格里—巴丹吉林沙漠锁边治理区。
协同推进区：大兴安岭西南部区域。
巩固拓展区：东部区域。

● **审定品种**

（1）'牧科草木樨 1 号'。
（2）'牧科引白花'草木樨。
（3）'牧科草木樨 2 号'。

● **繁殖与栽培**

播种栽培。

118 野豌豆

Vicia sepium

蒙名 陶木—给希
别名 滇野豌豆、黑荚巢菜
科属 豆科野豌豆属

● 生物学特征

多年生草本；植株各部有白色长柔毛。茎直立或攀缘，高60~100cm。叶为偶数羽状复叶，具小叶5~7对，互生。总状花序，腋生；总花梗常超出于叶，具花5~10朵；花白色、粉红色或紫色；子房无毛，有柄，柱头远轴面有一束黄髯毛。荚果矩圆形，长15~20mm，无毛。花期6~7月，果期7~9月。

● 生态学特性

中旱生植物，为草原带草甸草原群落的伴生种。生于草甸、山地林缘、石质山坡及山地灌丛。见于阴山。产于乌兰察布市、呼和浩特市（大青山）。分布于我国华北，据报道此草对牲畜有毒。

● 三北工程适用区域

核心攻坚区：科尔沁沙地综合治理区；
浑善达克沙地综合治理区。
协同推进区：大兴安岭西南部区域。
巩固拓展区：东部区域。

● 繁殖与栽培

播种栽培。

119 苦豆子

Sophora alopecuroides

蒙名 胡兰—宝雅
别名 苦豆根、苦甘草
科属 豆科苦参属

● **生物学特征**

多年生草本；高 30~60cm，最高可达 1m，全体呈灰绿色。根发达。茎直立，分枝多呈扫帚状。单数羽状复叶，长 5~15cm。总状花序顶生，长 10~15cm；花多数，密尘，花梗较花冠短；子房有毛。荚果串珠状，长 5~12cm，密生细而平伏的绢毛，有种子 6~12 粒；种子宽卵形，长 4~5m，黄色或淡褐色。花期 5~6 月，果期 6~8 月。

● **生态学特性**

耐盐碱植物。生于暖湿草原带和荒漠区盐化覆沙地上。见于阴南丘陵、鄂尔多斯、乌兰察布（西部）、东阿拉善、贺兰山、西阿拉善、额济纳等地。

● **三北工程适用区域**

核心攻坚区：阴山中西段沙化土地综合治理区；

库布齐—毛乌素沙漠沙化地综合防治区；

浑善达克沙地综合治理区；

腾格里—巴丹吉林沙漠锁边治理区。

● **繁殖与栽培**

播种栽培。

120 苦马豆

Sphaerophysa salsula

蒙名 洪呼国—额布斯
别名 泡泡豆、羊吹泡、红花苦豆子
科属 豆科苦马豆属

● **生物学特征**

多年生草本；高 20~60cm。茎直立。单数羽状复叶，小叶 13~21 片。总状花序腋生，比叶长，总花梗有毛；花梗长 3~4mm；苞片披针形，长约 1mm；花萼杯状，长 45mm；萼齿三角形，花冠红色，长 12~13mm；子房条状矩圆形，有柄被柔毛，花柱稍弯，内侧具纵列须毛。荚果宽卵形或矩圆形，膜质，膀胱状，长 1.7~1.8cm，直径 1.5~2cm；种子肾形，褐色。花期 6~7 月，果期 7~8 月。

● **生态学特性**

耐碱、耐旱，在草原带的盐碱性荒地、河岸低湿地、砂质地上常可见到，也进入荒漠带。

● **三北工程适用区域**

核心攻坚区：阴山中西段沙化土地综合治理区；

库布齐—毛乌素沙漠沙化地综合防治区；

浑善达克沙地综合治理区；

腾格里—巴丹吉林沙漠锁边治理区。

● **繁殖与栽培**

播种繁殖。

121 披针叶野决明

Thermopsis lanceolata

蒙名 他日巴干—希日
别名 牧马豆、东方野决明
科属 豆科野决明属

● **生物学特征**

多年生草本；高 12~30（40）cm。茎直立。3 小叶；叶柄短，长 3~8mm。总状花序顶生，长 6~17cm，具花 2~6 轮，排列疏松；苞片线状卵形或卵形，先端渐尖，长 8~20mm，宽 3~7mm，宿存；萼钟形长 1.5~2.2mm，密被毛，背部稍呈囊状隆起，上方 2 齿连合，三角形，下方萼齿披针形，与萼筒近等长；子房密被柔毛，具柄，柄长 2~3mm，胚珠 12~20 粒。荚果线形，长 5~9cm，宽 7~12mm，先端具尖喙，被细柔毛，黄褐色，种子 6~14 粒，位于中央；种子圆肾形，黑褐色，具灰色蜡层，有光泽，长 3~5mm，宽 2.5~3.5mm。花期 5~7 月，果期 6~10 月。

● **生态学特性**

耐盐中旱生植物。为草甸草原和草原带的草原化草甸、盐化草甸伴生植物，也见于荒漠草原和荒漠区的河岸盐化草甸、砂质地或石质山坡。见于全自治区各地。

● **三北工程适用区域**

核心攻坚区：阴山中西段沙化土地综合治理区；

库布齐—毛乌素沙漠沙化地综合防治区；

浑善达克沙地综合治理区；

腾格里—巴丹吉林沙漠锁边治理区。

● **繁殖与栽培**

播种繁殖。

122 兴安胡枝子

Lespedeza davurica

蒙名 呼日—布格
别名 毛果胡枝子、牛枝子、枝儿条
科属 豆科胡枝子属

● **生物学特征**

多年生草本，高 20~50cm。茎单一或数个簇生。羽状三出复叶，互生。总状花序腋生，较叶短或与叶等长；总花梗有毛；小苞片披针状条形，长 2~5mm；萼筒杯状，萼片披针状钻形；子房条形，有毛。荚果小，包于宿存萼内，倒卵形或长倒卵形，长 3~4mm，宽 2~3mm，顶端有宿存花柱，两面突出，伏生白色柔毛。花期 7~8 月，果期 8~10 月。

● **生态学特性**

较喜温暖，生于森林草原和草原带的干山坡、丘陵坡地、沙地，以及草原群落中，为草原群落的次优势成分或伴生成分。见于兴安北部、呼锡高原、岭西、兴安南部、辽河平原、科尔沁、阴山等地。

● **三北工程适用区域**

核心攻坚区：阴山中西段沙化土地综合治理区；

库布齐—毛乌素沙漠沙化地综合防治区；

科尔沁沙地综合治理区；

浑善达克沙地综合治理区。

协同推进区：大兴安岭西南部区域。

巩固拓展区：东部区域。

● **审定品种**

'中草 9 号'尖叶胡枝子。

● **繁殖与栽培**

以种子直播为主。除单播外，还可与斜茎黄芪、苇状羊茅等混播。

123 百里香

Thymus mongolicus

蒙名 岗嘎—额布斯
别名 地薑、千里香、地椒叶、地角花
科属 唇形科百里香属

● **生物学特征**

半灌木。茎多数，匍匐或上升；不育枝从茎的末端或基部生出，匍匐或上升，被短柔毛；花枝高（1.5）2~10cm，在花序下密被向下曲或稍平展的疏柔毛，下部毛变短而疏，具2~4对叶，基部有脱落的先出叶。叶为卵圆形，长4~10mm，宽2~4.5mm，先端钝或稍锐尖，基部楔形或渐狭，全缘或稀有1~2对小锯齿，两面无毛，侧脉2~3对，在下面微突起，腺点多少有些明显，叶柄明显，靠下部的叶柄长约为叶片1/2，在上部则较短；苞叶与叶同形，边缘在下部1/3具缘毛。花序头状，多花或少花，花具短梗；花萼管状钟形或狭钟形，长4~4.5mm，下部被疏柔毛，上部近无毛，下唇较上唇长或与上唇近相等，上唇齿短，齿不超过上唇全长1/3，三角形，具缘毛或无毛；花冠紫红、紫或淡紫、粉红色，长6.5~8mm，被疏短柔毛，冠筒伸长，长4~5mm，向上稍增大。小坚果近圆形或卵圆形，压扁状，光滑。花期7~8月。

● **生态学特性**

生于典型草原带、森林草原带的砂砾质平原、石质丘陵及山地阳坡，也见于荒漠区的山地砾石质坡地。一般多散生于草原群落中，也常在石质丘顶与其他砾石生植物聚生成小片群落，百里香可成为其中的优势种。

● **三北工程适用区域**

核心攻坚区：阴山中西段沙化土地综合治理区；
库布齐—毛乌素沙漠沙化地综合防治区；
科尔沁沙地综合治理区；
浑善达克沙地综合治理区；
腾格里—巴丹吉林沙漠锁边治理区。
协同推进区：大兴安岭西南部区域。

● **繁殖与栽培**

播种栽培。

124 冷蒿

Artemisia frigida

蒙名 阿格
别名 白蒿、小白蒿、兔毛蒿、寒地蒿、刚蒿、茵陈蒿
科属 菊科蒿属

● **生物学特征**

多年生草本；高10~50cm。主根细长或较粗，木质化。茎少数或多条常与营养枝形成疏松或密集的株丛，基部多少木质化，上部分枝或不分枝；茎、枝、叶及总苞片密被灰白色或淡灰黄色绢毛，后茎上毛稍脱落。头状花序半球形、球形或卵球形，直径（2）2.5~3（4）mm，具短梗；总苞片3~4层，外、中层的卵形或长卵形；边缘雌花8~13枚，花冠狭管状，中央两性花20~30枚，花冠管状；花序托有白色托毛。瘦果矩圆形或椭圆状倒卵形。花果期8~10月。

● **生态学特性**

广布于草原带和荒漠草原带，沿山地也进入森林草原和荒漠带中，多生长在沙质、砂砾质或砾石质土壤上，是草原小半灌木群落的主要建群植物，也是其他草原群落的伴生植物或亚优势植物。见于全自治区各地。

● **三北工程适用区域**

核心攻坚区：阴山中西段沙化土地综合治理区；
库布齐—毛乌素沙漠沙化地综合防治区；
科尔沁沙地综合治理区；
浑善达克沙地综合治理区；
腾格里—巴丹吉林沙漠锁边治理区。

协同推进区：大兴安岭西南部区域。

● **繁殖与栽培**

种子繁殖、扦插繁殖。

125 野艾蒿

Artemisia lavandulifolia

蒙名 哲日力格—荽哈
别名 艾草
科属 菊科蒿属

● **生物学特性**

多年生草本，稀亚灌木状。茎成小丛，稀单生，高达 1.2m。叶上面具密集白色腺点及小凹点，初疏被灰白色蛛丝状柔毛，叶柄长 1~2（3）cm，基部有羽状分裂小假托叶；上部叶羽状全裂；苞片叶 3 全裂或不裂。头状花序极多数，椭圆形或长圆形，径 2~2.5mm，排成密穗状或复穗状花序，在茎上组成圆锥花序；总苞片背面密被灰白或灰黄色蛛丝状柔毛；雌花 4~9 朵；两性花 10~20 朵，花冠檐部紫红色。瘦果长卵圆形或倒卵圆形。

● **生态学特性**

多生于低或中海拔地区的路旁、林缘、山坡、草地、山谷、灌丛及河湖滨草地等。

● **三北工程适用区域**

核心攻坚区：阴山中西段沙化土地综合治理区；
库布齐—毛乌素沙漠沙化地综合防治区；
科尔沁沙地综合治理区；
浑善达克沙地综合治理区；
腾格里—巴丹吉林沙漠锁边治理区。
协同推进区：大兴安岭西南部区域。

● **繁殖与栽培**

主要以根茎分株进行无性繁殖，但也可用种子繁殖。

126 猪毛蒿

Artemisia scopari

蒙名 乌木黑—协日乐吉
别名 东北茵陈蒿、黄蒿、臭蒿
科属 菊科蒿属

● **生物学特征**

一或二年生草本，有特殊气味。茎直立，高 40~90cm，带紫褐色，有多数开展或斜升的分枝。叶密集，长圆形，长 1.5~3.5cm，二或三回羽状全裂，裂片丝状条形或毛发状；上部叶 3 裂或不裂，叶背受虫子产卵刺激会产生特殊结构。头状花序极多数，下垂，在茎及侧枝上排列呈圆锥花序；总苞近球形，直径 1~1.2mm，边花 5~7 朵，雌性，能育，盘花 4 朵，不育。瘦果长圆形，长 0.5~0.7mm。

● **生态学特性**

耐干旱和寒冷。适生于丘陵坡地、河谷、河床固定沙丘、沙质草地、干山坡等沙质土壤上，在轻度盐渍化的土壤上生长尚好。

● **三北工程适用区域**

核心攻坚区：阴山中西段沙化土地综合治理区；

库布齐—毛乌素沙漠沙化地综合防治区；
科尔沁沙地综合治理区；
浑善达克沙地综合治理区；
腾格里—巴丹吉林沙漠锁边治理区。
协同推进区：大兴安岭西南部区域。

● **繁殖与栽培**

种子繁殖、扦插繁殖和组织培养繁殖。

127 大籽蒿

Artemisia sieversiana

蒙名 额日木
别名 山艾、白蒿、大白蒿、臭蒿子
科属 菊科蒿属

● **生物学特征**

一、二年生草本。主根单一。茎单生，高达 1.5m；茎、枝被灰白色微柔毛。下部与中部叶宽卵形或宽卵圆形，两面被微柔毛，长 4~8（13）cm，二至三回羽状全裂，稀深裂，每侧裂片 2~3，小裂片线形或线状披针形，长 0.2~1cm，宽 1~2mm，叶柄长 1~2（4）cm；上部叶及苞片叶羽状全裂或不裂。头状花序大，多数排成圆锥花序，总苞半球形或近球形，径 3~4（6）mm，具短梗，稀近无梗，基部常有线形小苞叶，在分枝排成总状花序或复总状花序，并在茎上组成开展或稍窄圆锥花序；总苞片背面被灰白色微柔毛或近无毛；花序托突起，半球形，有白色托毛；雌花 20~30 朵；两性花 80~120 朵。瘦果长圆形。

● **生态学特性**

多生于路旁、荒地、河漫滩、草原、森林草原、干山坡或林缘等，局部地区成片生长，为植物群落的建群种或优势种。

● **三北工程适用区域**

核心攻坚区：阴山中西段沙化土地综合治理区；
库布齐—毛乌素沙漠沙化地综合防治区；
科尔沁沙地综合治理区；
浑善达克沙地综合治理区；
腾格里—巴丹吉林沙漠锁边治理区。
协同推进区：大兴安岭西南部区域。

● **繁殖与栽培**

播种栽培。

128 沙蒿

Artemisia desertorum

蒙名 芒汗—协日乐吉
别名 漠蒿、薄蒿、草蒿、荒地蒿
科属 菊科蒿属

● **生物学特征**

多年生草本。茎单生或少数，高达 70cm，上部分枝；茎、枝幼被微柔毛。基生叶卵形，长 2~3cm，二回羽状深裂；叶下面无毛，叶柄长 1~3cm，基部有线形、半抱茎假托叶；中部叶长卵形或长圆形，一至二回羽状深裂，叶柄短，具半抱莲假托叶；上部叶 3~5 深裂；苞片叶 3 深裂或不裂。头状花序卵圆形或近球形，径 2.5~3mm，基部有小苞叶，排成穗状。瘦果倒卵圆形或长圆形。

● **生态学特性**

多生于草原、草甸、森林草原、高山草原、荒坡、砾质坡地、干河谷、河岸边、林缘及路旁等，局部地区成片生长。为草原地区植物群落的主要伴生种。

● **三北工程适用区域**

核心攻坚区：阴山中西段沙化土地综合治理区；
库布齐—毛乌素沙漠沙化地综合防治区；
科尔沁沙地综合治理区；
浑善达克沙地综合治理区；
腾格里—巴丹吉林沙漠锁边治理区。
协同推进区：大兴安岭西南部区域。

● **繁殖与栽培**

种子繁殖；直播、扦插、植苗造林。

盐蒿

Artemisia halodendron

蒙名 好您—西巴嘎
别名 沙蒿、褐沙蒿、差不嘎蒿
科属 菊科蒿属

● **生物学特性**

小灌木。茎高达 80cm，下部茶褐色，上部红色；基部分枝，枝多而长。叶初微被灰白色柔毛；莲下部叶与营养枝叶宽卵形或近圆形，长 3~6cm，二回羽状全裂，每侧裂片（2）3~4，基部裂片长，羽状全裂，每侧具小裂片 1~2，叶柄长 1.5~4cm，基部有线形假托叶；中部叶宽卵形或近圆形，一至二回羽状全裂，无柄。头状花序卵球形，径（2.5）3~4mm，直立，基部有小苞叶，排成复总状花序，在茎上组成开展的圆锥花序；总苞片无毛，绿色；雌花 4~8 朵；两性花 8~15 朵。瘦果长卵圆形或倒卵状椭圆形，果壁有细纵纹及胶质。

● **三北工程适用区域**

核心攻坚区：阴山中西段沙化土地综合治理区；

库布齐—毛乌素沙漠沙化地综合防治区；

科尔沁沙地综合治理区；

浑善达克沙地综合治理区；

腾格里—巴丹吉林沙漠锁边治理区。

协同推进区：大兴安岭西南部区域。

● **繁殖与栽培**

播种栽培。

130 灌木亚菊

Ajania fruticulosa

蒙名 宝塔力格—宝如乐吉
科属 菊科亚菊属

● **生物学特性**

小亚灌木。茎中部叶圆形、扁圆形、三角状卵形、肾形或宽卵形，长0.5~3cm，二回掌状或掌式羽状3~5裂，一、二回全裂；一回侧裂片1对或不明显2对，常3出；中上部和中下部的叶掌状3~4全裂或掌状5裂或茎叶3裂，叶有柄。总苞钟状，径3~4mm，总苞片4层，边缘白或带浅褐色膜质，外层卵形或披针形，被柔毛，麦秆黄色，中内层椭圆形，长2~3mm；边缘雌花细管状，顶端3~5齿。花果期6~10月。

● **生态学特性**

适应性强，抗热，也较耐寒，生于海拔550~4400m的荒漠及荒漠草原。

● **三北工程适用区域**

核心攻坚区：阴山中西段沙化土地综合治理区；
库布齐—毛乌素沙漠沙化地综合防治区；
科尔沁沙地综合治理区；
浑善达克沙地综合治理区；
腾格里—巴丹吉林沙漠锁边治理区。
协同推进区：大兴安岭西南部区域。
巩固拓展区：东部区域。

● **繁殖与栽培**

种子、分株、扦插繁殖；播种造林。

131 羊草

Leymus chinensis

蒙名 黑雅嘎
别名 碱草
科属 禾本科赖草属

● **生物学特性**

多年生草本。秆疏丛生或单生；高 40~90cm，无毛，具 4~5 节。叶鞘无毛；叶平展或内卷，长 7~18cm，宽 3~6mm，上面粗糙或被柔毛，下面无毛。穗状花序直，长 7~15cm，径 1~1.5cm；穗轴边缘具微纤毛；小穗粉绿色，熟后黄色，2 枚生于穗轴每节，长 1~2.2cm，具 5~10 小花；小穗轴节间长 1~1.5mm，无毛；颖锥状，长 5~8mm，具不显著 3 脉，上部粗糙，边缘微具纤毛；外稃披针形，无毛，5 脉，边缘窄膜质，先端渐尖或具芒状尖头，基盘无毛，第 1 外稃长 8~9mm；内稃与外稃近等长，先端微 2 裂，脊上半部具微纤毛或近无毛；花药长 3~4mm。

● **生态学特性**

耐寒、耐旱、耐碱，更耐牛马践踏，生于平原绿洲。为内蒙古东部和东北西部天然草场上的重要牧草之一，也可割制作干草。

● **三北工程适用区域**

核心攻坚区：阴山中西段沙化土地综合治理区；
库布齐—毛乌素沙漠沙化地综合防治区；
科尔沁沙地综合治理区；
浑善达克沙地综合治理区；
腾格里—巴丹吉林沙漠锁边治理区。
协同推进区：大兴安岭西南部区域。

● **审定品种**

（1）'中科 3 号'羊草。
（2）'赤牧 4 号'羊草。
（3）'甘旗卡'羊草。
（4）'西乌珠穆沁'羊草。
（5）'晋中'羊草。

（6）'中草26号'羊草。

（7）'中草27号'羊草。

（8）'黄岗梁'羊草。

（9）'中科9号'羊草。

● **繁殖与栽培**

可用种子繁殖，也可用根茎进行无性繁殖。

132 洽草

Koeleria macrantha

蒙名 根达—苏乐
科属 禾本科洽草属

● **生物学特征**

多年生草本，密丛。秆直立，具 2~3 节，高 25~60cm，在花序下密生茸毛。叶片灰绿色，线形，常内卷或扁平，长 1.5~7cm，宽 1~2cm。圆锥花序穗状，下部间断，长 5~12cm，宽 7~18mm，有光泽，草绿色或黄褐色；小穗长 4~5mm，含 2~3 小花，小穗轴被微毛或近于无毛，长约 1mm；颖倒卵状长圆形至长圆状披针形，先端尖，边缘宽膜质，脊上粗糙，第 1 颖具 1 脉，长 2.5~3.5mm，第 2 颖具 3 脉，长 3~4.5mm；外稃披针形，先端尖，具 3 脉，边缘膜质，背部无芒，稀顶端具长约 0.3mm 的小尖头，基盘钝圆，具微毛，第 1 外稃长约 4mm；内稃膜质，稍短于外稃，先端 2 裂，脊上光滑或微粗糙；花药长 1.5~2mm。

● **生态学特性**

具有良好的耐寒性。生于海拔 1350~3600m 的山坡草地。

● **三北工程适用区域**

核心攻坚区：科尔沁沙地综合治理区；浑善达克沙地综合治理区。
协同推进区：大兴安岭西南部区域。
巩固拓展区：东部区域。

● **繁殖与栽培**

播种栽培。

133 无芒雀麦

Bromus inermis

蒙名 苏日归—扫高布日
别名 无芒雀麦草、雀麦、无芒雀草、无芒雀麻
科属 禾本科雀麦属

● **生物学特性**

多年生草本；高 0.5~1.2m。无毛或节下具倒毛。具横走根茎。叶鞘闭合，无毛或有短毛。圆锥花序，长 10~20cm，较密集，花后开展；小穗具 6~12 花，长 1.5~2.5cm；小穗轴节间长 2~3mm，生小刺毛；颖披针形，具膜质边缘，第 1 颖长 4~7mm，1 脉，第 2 颖长 0.6~1cm，3 脉；外稃长圆状披针形，长 0.8~1.2cm，5~7 脉，无毛，基部微粗糙，先端无芒，钝或浅凹缺；内稃膜质，短于外稃，脊具纤毛；花药长 3~4mm。颖果长圆形，褐色，长 7~9mm。

● **生态学特性**

抗旱，耐寒、耐碱。由于分蘖力强，耐践踏，故适于放牧利用。生于海拔 1000~3500m 的林缘草甸、山坡、谷地、河边路旁。为山地草甸草场优势种。

● **三北工程适用区域**

核心攻坚区：科尔沁沙地综合治理区；浑善达克沙地综合治理区。
协同推进区：大兴安岭西南部区域。
巩固拓展区：东部区域。

● **审定品种**

（1）'中草 11 号'无芒雀麦。
（2）'中草 12 号'无芒雀麦。

● **繁殖与栽培**

播种栽培。

老芒麦

Elymus sibiricus

蒙名 西伯日音—扎巴干—黑雅嘎
别名 西伯利亚披碱草、叶老芒麦
科属 禾本科披碱草属

● **生物学特性**

多年生丛生草本。秆单生或疏丛生；高 60~90cm。叶鞘光滑；叶平展，长 10~20cm，宽 0.5~1cm，有时上面被柔毛。穗状花序较疏散下垂，长 15~20cm，每节具 2 小穗，穗轴柔弱，边缘粗糙或具小纤毛；小穗排列不偏向穗轴一侧，灰绿或稍紫色，长 1.3~1.9cm，具（3）4~5 小花；颖窄披针形，长 4~5mm，3~5 个粗糙脉，先端尖或具长 3~5mm；外稃披针形，背部粗糙，无毛或密被微毛，上部 5 脉，芒长 0.8~2cm，粗糙，反曲；第 1 外稃长 0.8~1.1cm；内稃与外稃近等长，先端 2 裂，脊被纤毛，脊间被稀少微小短毛。

● **生态学特性**

耐寒力强，抗旱性中等，适应性很广，对土壤要求不严，在瘠薄、弱酸、微碱或腐殖质较高的土壤中均能生长良好。多生于路旁和山坡上。

● **三北工程适用区域**

核心攻坚区：科尔沁沙地综合治理区；浑善达克沙地综合治理区。
协同推进区：大兴安岭西南部区域。
巩固拓展区：东部区域。

● **审定品种**

（1）'牧科 1 号'老芒麦。
（2）'多伦'老芒麦。
（3）'中草 23 号'老芒麦。
（4）'中草 28 号'老芒麦。

● **繁殖与栽培**

播种栽培。

135 披碱草

Elymus dahuricus

蒙名 扎巴干—黑雅嘎
别名 合叶子
科属 禾本科披碱草属

● **生物学特性**

多年生草本。秆疏丛，直立；高 70~140cm，基部膝曲。叶鞘光滑无毛；叶片扁平，稀可内卷，上面粗糙，下面光滑，有时呈粉绿色。穗状花序较紧密，直立，长 14~18cm，径 0.5~1cm；穗轴边缘具小纤毛；小穗绿后草黄色，长 1~1.5cm，具 3~5 小花；颖披针形或线状披针形，长 0.8~1cm，3~5 脉，脉粗糙，先端芒长达 5mm；外稃披针形，两面密被短小糙毛，上部具 5 脉，芒长 1~2cm，粗糙外展，第 1 外稃长约 9mm；内稃与外稃近等长，先端平截，脊具纤毛，脊间疏被短毛。

● **生态学特性**

耐盐能力强，具有一定的抗旱能力。多生于山坡草地或路边。

● **三北工程适用区域**

核心攻坚区：阴山中西段沙化土地综合治理区；
库布齐—毛乌素沙漠沙化地综合防治区；
科尔沁沙地综合治理区；
浑善达克沙地综合治理区。
协同推进区：大兴安岭西南部区域。

● **审定品种**

'蒙农 1 号'加拿大披碱草。

● **繁殖与栽培**

播种栽培。

136 冰草

Agropyron cristatum

蒙名 优日呼恪
别名 冰草、麦穗草
科属 禾本科冰草属

● **生物学特征**

多年生草本；高 60~80cm。根系发达，须根密生，具沙套，有时有短根茎。茎秆直立，2~3 节，基部节呈膝曲状，上被短柔毛。叶披针形，长 7~15cm，宽 0.4~0.7cm，叶背光滑，叶面密生茸毛；叶稍短于节间，紧包茎；叶舌不明显。穗状花序，长 5~7cm，呈矩形或两端微窄，有小穗 30~50 个；小穗无柄，紧密排列于穗轴两侧，呈篦齿状，每个小穗含 4~7 朵小花，结实 3~4 粒；颖不对称，沿龙骨上有纤毛，外颖长 5~7mm，尖端芒状，长 3~4mm；外稃有毛，顶端具短芒。种子千粒重 2g。

● **生态学特性**

具有高度抗旱、耐寒能力，适宜在干燥寒冷地区种植。对土壤要求不严，从轻壤土到重壤土以及半沙漠地带均可种植。耐瘠薄、耐盐碱，但不宜在强酸土壤和沼泽土壤上生长。

● **三北工程适用区域**

核心攻坚区：阴山中西段沙化土地综合治理区；
库布齐—毛乌素沙漠沙化地综合防治区；
科尔沁沙地综合治理区；
浑善达克沙地综合治理区。
协同推进区：大兴安岭西南部区域。

● **审定品种**

'多伦'扁穗冰草。

● **繁殖与栽培**

播种栽培。

137 沙芦草

Agropyron mongolicum

蒙名 额乐存乃—优日呼格
科属 禾本科冰草属

● **生物学特性**

秆疏丛生；高 20~60cm，具 2~3（6）节。叶鞘无毛，叶舌具纤毛；叶片内卷成针状，长 5~15cm，宽 1.5~3mm，脉密被细刚毛。穗状花序长 3~9cm，宽 4~6mm；穗轴节间长 3~5（10）mm，无毛或具微毛；小穗疏散排列，向上斜升，长 0.5~1.4mm，具（2）3~8 小花；颖两侧常不对称，3~5 脉，先端芒尖长约 1mm，第 1 颖长 3~5mm，第 2 颖长 4~6mm，外稃无毛或疏生微毛，5 脉，边缘膜质，先端芒尖长 1~1.5mm，第 1 外稃长 5~6mm；内稃近等长于外稃，脊具纤毛，脊间无毛或先端具微毛。花果期 7~9 月。

● **生态学特性**

耐干旱和风沙，为良好的牧草，各种家畜均喜食。生于干燥草原、沙地。

● **三北工程适用区域**

核心攻坚区：阴山中西段沙化土地综合治理区；

库布齐—毛乌素沙漠沙化地综合防治区；

浑善达克沙地综合治理区；

腾格里—巴丹吉林沙漠锁边治理区。

● **审定品种**

'蒙杂冰草 1 号'。

● **繁殖与栽培**

播种栽培。

沙生冰草

Agropyron desertorum

蒙名 楚乐音—优日呼格
别名 荒漠冰草
科属 禾本科冰草属

● **生物学特性**

多年生草本；植株疏丛生。根外具沙套。叶鞘无毛，叶舌短小或缺；叶片多内卷呈锥形，长4~12cm，宽1~3mm。秆高20~70cm，无毛或花序下被柔毛。

● **生态学特性**

具有抗寒、抗旱特性。多生于干燥草原、沙地、丘陵地、山坡及沙丘间低地。产于内蒙古、山西等省份。

● **三北工程适用区域**

核心攻坚区：阴山中西段沙化土地综合治理区；

库布齐—毛乌素沙漠沙化地综合防治区；

浑善达克沙地综合治理区；

腾格里—巴丹吉林沙漠锁边治理区。

● **繁殖与栽培**

播种栽培。

139 无芒隐子草

Cleistogenes songorica

蒙名 搔日归—哈扎嘎日—额布苏
别名 草活活、无芒稳子草、羊胡子草、准噶尔隐子草
科属 禾本科隐子草属

● **生物学特性**

多年生草本；高 15~50cm。基部具密集枯叶鞘；叶鞘长于节间，无毛，鞘口有长柔毛；叶舌长 0.5mm，具短纤毛；叶片线形，长 2~6cm，宽 1.5~2.5mm，上面粗糙，扁平或边缘稍内卷。圆锥花序开展，长 2~8cm，宽 4~7mm，分枝开展或稍斜上，分枝腋间具柔毛；小穗长 4~mm，含 3~6 朵小花，绿色或带紫色；颖卵状披针形，近膜质，先端尖，具 1 脉，第 1 颖长 2~3mm，第 2 颖长 3~4mm；外稃卵状披针形，边缘膜质，第 1 外稃长 3~4mm，5 脉，先端无芒或具短尖头；内稃短于外稃，脊具长纤毛；花药黄色或紫色，长 1.2~1.6mm。颖果长约 1.5mm。

● **生态学特性**

抗热、抗旱、耐寒、耐践踏。多生于干旱草原、荒漠或半荒漠沙质地。

● **三北工程适用区域**

核心攻坚区：阴山中西段沙化土地综合治理区；

库布齐—毛乌素沙漠沙化地综合防治区；

浑善达克沙地综合治理区；

腾格里—巴丹吉林沙漠锁边治理区。

● **繁殖与栽培**

播种栽培。

140 羊茅

Festuca ovina

蒙名 宝体乌乐
别名 酥油草
科属 禾本科羊茅属

● **生物学特性**

多年生草本。秆无毛或在花序下具微毛或粗糙；高 15~20cm。叶鞘开口几达基部；叶舌平截，具纤毛，长约 0.2mm；叶片内卷成针状，较软，稍粗糙，长（2）4~10（20）cm，宽 0.3~0.6mm。圆锥花序穗状，长 2~5cm，宽 4~8mm；分枝粗糙；侧生小穗柄短于小穗，稍粗糙；小穗淡绿或紫红色，长 4~6mm，具 3~5（6）小花；小穗轴节间长约 0.5mm；颖片披针形，第 1 颖具 1 脉，长 1.5~2.5mm，第 2 颖具 3 脉，长 2.5~3.5mm；外稃背部粗糙或中部以下平滑，5 脉，芒粗糙，长 1~1.5mm，第 1 外稃长 3~3.5（4）mm；内稃近等长于外稃；子房顶端无毛。

● **生态学特性**

生于海拔 2200~4400m 的高山草甸、草原、山坡草地、林下、灌丛及沙地。

● **三北工程适用区域**

核心攻坚区：科尔沁沙地综合治理区；浑善达克沙地综合治理区。
协同推进区：大兴安岭西南部区域。
巩固拓展区：东部区域。

● **审定品种**

浑善达克达乌里羊茅。

● **繁殖与栽培**

播种栽培。

141 偃麦草

Elytrigia repens

蒙名 查干—苏乐
别名 高冰草、长麦草、长穗冰草
科属 禾本科偃麦草属

● **生物学特性**

多年生草本。秆疏丛生；高 40~80cm，无毛。叶鞘无毛或分蘖叶的叶鞘被倒生柔毛，叶耳膜质，长约 1mm，叶舌长约 0.5mm，撕裂或缺；叶片长 9~20cm，宽 0.35~1cm，上面粗糙或疏被柔毛，下面粗糙。穗状花序长 8~18cm，宽 0.8~1.5cm；穗轴节间长 1~1.5cm，无毛或棱边被纤毛；小穗长 1.2~1.8cm，具 5~10 小花；小穗轴节间无毛；颖披针形，长 1~1.5cm（包括长 1~2mm 芒尖），5~7 脉，无毛，有时脉间粗糙，边缘膜质；外稃长圆状披针形；5~7 脉，芒尖长 1~2mm，第 1 外稃长 0.9~1.2cm。

● **生态学特性**

对环境胁迫和生物胁迫具有很强的抗性。生于山谷草甸及平原绿洲。

● **三北工程适用区域**

核心攻坚区：阴山中西段沙化土地综合治理区；
库布齐—毛乌素沙漠沙化地综合防治区；
科尔沁沙地综合治理区；
浑善达克沙地综合治理区。
协同推进区：大兴安岭西南部区域。

● **审定品种**

（1）'牧科 3 号'偃麦草。
（2）'三河'偃麦草。

● **繁殖与栽培**

播种栽培。

中间偃麦草

Elytrigia intermedia

别名 中间冰草

科属 禾本科偃麦草属

● **生物学特性**

多年生草本；具横走根茎；高 70~100cm，径 2~3mm，具 6~8 节。叶鞘无毛，外侧边缘具纤毛，或秆基部常生细毛，长于或上部 1~2 节短于节间；叶片质硬，上面粗糙或有时疏生微毛，下面较平滑，长 13~34cm，宽 5~7mm。穗状花序直立，长 11~17cm，宽约 5mm；穗轴节间长 6~16mm，棱边粗糙；小穗长 10~15mm，含 3~6 小花；颖长圆形，无毛，脉稍糙涩，先端截平且稍偏斜，具明显的 5~7 脉，长 5~7mm，宽 2~3mm，短于第 1 小花；外稃宽披针形，先端钝，有时微凹，平滑无毛，第 1 外稃长 8~9mm。

● **生态学特性**

普遍表现耐寒、耐旱，生长势强，再生能力较好，株体高大，茎叶繁茂。在我国高寒、干旱及半干旱草原是一个有发展前途的草种。

● **三北工程适用区域**

核心攻坚区：阴山中西段沙化土地综合治理区；
库布齐—毛乌素沙漠沙化地综合防治区；
科尔沁沙地综合治理区；
浑善达克沙地综合治理区。

协同推进区：大兴安岭西南部区域。

● **繁殖与栽培**

利用根茎进行无性繁殖。

143 新麦草

Psathyrostachys juncea

别名 俄罗斯野黑麦、灯心草状披碱草、豪热吉
科属 禾本科新麦草属

● **生物学特性**

多年生草本。具直伸短根茎，密集丛生。叶鞘短于节间，无毛，叶舌长约1mm，膜质，顶端不规则撕裂；叶耳膜质，长约1mm；叶深绿色，长5~15cm，平展或边缘内卷，两面均粗糙。秆高40~80cm，径约2mm，无毛，花序下部稍粗糙，基部残留枯黄色、纤维状叶鞘。

● **生态学特性**

耐盐碱，再生能力强，生于山地草原带、干旱半干旱地区。

● **三北工程适用区域**

核心攻坚区：阴山中西段沙化土地综合治理区；

库布齐—毛乌素沙漠沙化地综合防治区；
科尔沁沙地综合治理区；
浑善达克沙地综合治理区。

协同推进区：大兴安岭西南部区域。

● **审定品种**

'蒙农5号'新麦草。

● **繁殖与栽培**

播种栽培。

144 草地早熟禾

Poa pratensis

蒙名 塔拉音—伯页力格—额布苏
别名 六月禾、肯塔基
科属 禾本科早熟禾属

● **生物学特性**

多年生草本；高50~90cm，2~4节。具发达匍匐根茎。叶鞘平滑或粗糙，长于节间，较叶片长；叶舌膜质，长1~2mm；叶片线形，扁平或内卷，长约30cm，宽3~5mm。圆锥花序金字塔形或卵圆形，长10~20cm，宽3~5cm；分枝开展，每节3~5，微粗糙或下部平滑，2次分枝，小枝着生3~6小穗，基部主枝长5~10cm，中部以下裸露；小穗柄较短；小穗卵圆形，具3~4小花，长4~6mm；颖卵圆状披针形，第1颖长2.5~3mm，1脉，第2颖长3~4mm，3脉；外稃膜质，脊与边脉中部以下密生柔毛，基盘具稠密长茸毛；第1外稃长3~3.5mm；内稃较短于外稃，脊粗糙或具小纤毛；花药长1.5~2mm。颖果纺锤形，具3棱，长约2mm。

● **生态学特性**

适宜气候冷凉、湿度较大的地区生长，抗寒能力强。生于湿润草甸、沙地、草坡，从海拔500~4000m山地均有分布。

● **三北工程适用区域**

核心攻坚区：科尔沁沙地综合治理区；
浑善达克沙地综合治理区。
协同推进区：大兴安岭西南部区域。
巩固拓展区：东部区域。

● **繁殖与栽培**

播种栽培。

145 碱茅

Puccinellia distans

蒙名 乌龙
别名 星星草
科属 禾本科碱茅属

● **生物学特性**

多年生草本；高 20~30（60）cm，径约 1mm，具 2~3 节，常压扁形。叶鞘长于节间，平滑无毛，顶生者长约 10cm；叶舌长 1~2mm，截平或齿裂；叶片线形，长 2~10cm，宽 1~2mm，扁平或对折，微粗糙或下面平滑。圆锥花序开展，长 5~15mm，宽 5~6mm，每节具 2~6 分枝；分枝细长，平展或下垂，下部裸露，微粗糙，基部主枝长达 8cm；小穗柄短；小穗含 5~7 小花，长 4~6mm；小穗轴节间长约 0.5mm，平滑无毛；颖质薄，顶端钝，具细齿裂，第 1 颖具 1 脉，长 1~1.5mm，第 2 颖长 1.5~2mm，具 3 脉；外稃具不明显 5 脉，顶端截平或钝圆，与边缘均具不整齐细齿，基部有短柔毛；第 1 外稃长约 2mm；内稃等长或稍长于外稃，脊微粗糙；花药长约 0.8mm。颖果纺锤形，长约 1.2mm。

● **生态学特性**

生于海拔 200~3000m 的轻度盐碱性湿润草地、田边、水溪、河谷、低草甸盐化沙地。

● **三北工程适用区域**

核心攻坚区：阴山中西段沙化土地综合治理区；
库布齐—毛乌素沙漠沙化地综合防治区。

● **繁殖与栽培**

播种栽培。

油莎草

Cyperus esculentus var. *sativus*

别名 铁荸荠、洋地栗、油莎豆
科属 莎草科莎草属

● **生物学特性**

多年生草本植物。根状茎多而细长，先端有膨大的块茎。杆直立，粗壮，光滑。茎圆筒形，由叶片包裹而成。叶片表面光滑柔软，叶鞘淡褐色。穗状花序呈圆柱形或稍扁平。小坚果矩圆形，灰褐色。

● **生态学特性**

性喜温暖阳光、湿润气候，耐旱、耐温、耐瘠、耐盐碱，适宜排水良好、疏松的土壤或沙壤土。

● **三北工程适用区域**

核心攻坚区：阴山中西段沙化土地综合治理区；
库布齐—毛乌素沙漠沙化地综合防治区。

● **繁殖与栽培**

用茎、果繁殖，播种前选粒大饱满、无病虫危害和机械损伤、老熟一致、长椭圆形的茎、果作种。

参考文献

[1] 内蒙古自治区市场监督管理局. 主要林木品种审定规范 DB15/T 311—2020 [S]. 呼和浩特，2020.

[2] 中华人民共和国国家质量监督检验检疫总局国家标准化管理委员会. 草品种审定技术规程 GB/T 30395—2013 [S]. 2013.

[3] 张炜. 三北地区林木良种（上卷）[M]. 北京：中国林业出版社，2018.

[4] 段河，张建波，张忠旺. 内蒙古三北工程区退化林现状分析与修复建议 [J]. 林业资源管理，2022（1）：174-179.

[5] 弥宏卓，于振海，白艳，等. 内蒙古自治区三北防护林体系建设工程状况分析 [J]. 内蒙古林业调查设计，2023，46（1）：1-4.

[6] 中国植物志电子版 [EB/OL]. http://www.iplant.cn/frps2019/search.

[7] 马毓泉. 内蒙古植物志 [M]. 二版，呼和浩特：内蒙古人民出版社，1998.

[8] 赵一之，赵利清，曹瑞，等. 内蒙古植物志（第一卷、第二卷和第三卷）[M]. 三版，呼和浩特：内蒙古人民出版社，2020.

[9] 内蒙古自治区市场监督管理局. 内蒙古自治区造林技术规程（DB15/T 389—2021）[S]. 呼和浩特，2021.

[10] 杨文斌，李爱平，姚洪林，等. 防治荒漠化优良树种及其利用 [M]. 呼和浩特：远方出版社，2005.

[11] 内蒙古森林编辑委员会. 内蒙古森林 [M]. 北京：中国林业出版社，1989.

[12] 高锡林. 内蒙古林业生态建设技术与模式 [M]. 北京：中国林业出版社，2008.

[13] 雷·额尔德尼. 内蒙古生态历程 [M]. 呼和浩特：内蒙古人民出版社，2012.

[14] 田棋，高润宏. 内蒙古自然生态概论 [M]. 呼和浩特：内蒙古人民出版社，2018.

[15] 卫智军，韩国栋，赵钢，等. 中国荒漠草原生态系统研究 [M]. 北京：科学出版社，2012.

[16] 内蒙古自治区市场监督管理局. 草原区露天矿山废弃地生态修复技术规范（DB15/T 2378—2021）[S]. 呼和浩特，2021.

[17] 卢国珍. 大扁杏密植栽培投资效果的分析与评价 [J]. 辽宁林业科技，1990（4）：54-57.

[18] 王颖. 香花槐生物学特性及其芽分化影响因素研究 [J]. 防护林科技，2015，6（15）：49.

[19] 陈彩霞. 香花槐生物学特性及繁殖技术 [J]. 林业实用技术，2002（7）：27.

[20] 袁俊云，朱为德，冯海宝，等.中华金叶榆育苗技术研究[J].内蒙古林业调查设计，2020，43（4）：28-30.

[21] 杨文斌，李爱平，姚洪林，等.防治荒漠化优良树种及其利用[M].呼和浩特：远方出版社，2005：1-172.

[22] 宁明世，特木钦，邵文亮，等.内蒙古林木良种资源（2000—2018）[M].呼和浩特：内蒙古大学出版社，2019：1-173.

[23] 方有海.小青杨造林及其病虫害防治技术[J].中国西部科技，2011，10（35）：37-38.

[24] 付贵生，姜鹏，张金旺，等.汇林88号杨的选育[J].防护林科技，2014（2）：24-27.

[25] 郭力宏，曹志伟，张玉柱，等.嫩江沙地黄柳小红柳高立式活体沙障调查与分析[J].防护林科技，2008（4）：15-16.

[26] 赵一之.蒙古荛的植物区系地理分布研究[J].内蒙古大学学报（自然科学版），1995（2）：195-197.

[27] 侯燕茹.不同居群蒙古韭遗传多样性及其风味品质分析研究[D].呼和浩特：内蒙古农业大学，2020.

[28] 姜树珍，邢亚亮，景斌，等.不同引进燕麦草品种在太行山区的适应性比较[J].农业工程技术，2022，42（2）：29，33.